간판 없는 맛집

간판 없는 맛집

노포의 밥집, 그 집에는
뭔가 다른게 있다

안병익 · 식신 엮음

이가서
Leegaseo publishing

나는 여기서 사람들의 어떤 갈증을 보았다

• 프롤로그

"아! 이집 냉면 때문에 이민을 못가겠어"

어느 날 아무 생각없이 사용자들이 남긴 리뷰를 보다가, 오래된 유명한 평양냉면집 노포에 올라온 리뷰를 보고 깜짝 놀랐다. "아! 이집 냉면 때문에 이민을 못 가겠어!" 한 사용자의 깜찍한 리뷰는 위트가 있으면서도 나에게 큰 감동을 주었다. '이민을 가게 된다면 한국의 수많은 노포들의 맛을 잊고 살아야 하겠구나'라고 생각해 보니, 리뷰를 남긴 사용자의 글이 공감이 되었고, 한국인으로써 우리 노포들의 음식이 정말 소중하구나라고 다시한번 생각하게 되었다.

우리는 길가다가 우연히 누군가를 만났을 때 "언제 한번 밥한번 먹자"라고 말한다. 이런 인사치례는 우리나라 사람들의 '밥'에 대한 진심을 잘 보여주는 사례다. 우리는 예로부터 함께 밥을 먹고 희로애락을 느끼며 공유하며 살아왔다. 가족이라는 의미의 '식구'는 함께 밥을 먹는 희로애락을 함께하는 진정한 구성원들이다. 우리에게 있어서 따뜻한 밥 한끼는 가장 가까운 사람들과 함께 할 수 있는 가장 소중한 존재였던 것이다.

11년전 신선한 콘셉트로 내놓았던 위치기반SNS '씨온(SeeOn)' 애플리케이션은 작은 스타트업에서 시작했지만 일 스토리(글) 수가 3만에 이를만큼 성공한 서비스였다. 주변의 사람들과 소통하고 방문한 장소를 체크인 하면서 위치기반으로 유익한 정보를 공유하고 싶어 만든 서비스인데, 이상하게도 이야기의 거의 대부분은 '음식'이었다. 그것도 식당.

　"음식도 짜거나 맵지 않고 아기 포크가 있어요.
　가족단위에게 추천하고 싶은 맛집."
　"여기 해장국 국물이 킹왕짱이네요.
　술 먹고 해장하러 왔는데 또 반주합니다."
　"비냉이 정말 맛있어요.
　이집 가실 분들은 꼭 처음부터 만두 추가하세요."

　유저들은 자신의 일상을 끄적인 글보다 이런 맛집 소개 글에 더 반응했다. 뷰(view)가 높았고, 댓글이 달렸다. 누군가는 열심히 즐겨찾기를 해가며 나중에 갈 맛집 리스트를 저장하기도 했다. 나는 여기서 사람들의 어떤 갈증을 보았다. 그리하여 과감하게 소셜SNS 중심이던 서비스를 맛집 정보에 비중을 둔 국민맛집 '식신'으로 전면 개편했다. 올해 햇수로 12년 차가 된 식신은 주요 포털과 유수의 자동차회사 및 내비게이션 기업들에 콘텐츠를 공급하게 되었고 월 서비스 방문자 수는 300만명에 이른다.

　음식에 진심인 우리나라 사람들에게 '맛집'을 소개하는 일은 생각보다 쉽지 않다. 줄을 서서 먹는 '핫플'을 좋아하는 이도 있고, 갓 오픈해 '새것'의 쾌적함을 좋아하는 이도 있을 것이고, 맛보다 서비스를 더 중요하게 생각하는 이도 있을 것이다. 해서 종종 "이 동네는 어디가 맛있어요?"라는 질문을 들을 때면 스무 고개하듯 되려 질문을 이어간 뒤에 추천하곤 한다. 식신 서비스에서도 데이터를 기반으로 한 객관성을 유지하기 위해 많은 노력을 기울인다. 식신의 최고봉인 '별 맛집'은 정말 한땀 한땀 까다롭게 선정하고 있다. 모두는 아니겠지만 최대한 많은 사람이 우리 서비스에 만족할 수 있도록 말이다.

그런데 10여 년간 '맛집'이라는 주제에 매달리다 보니 흥미로운 점이 있었다. 인기 있는 노포들은 그 인기를 유지함에 있어 부침이 없다는 것이었다. 6개월을 버티지 못하고 간판을 내리는 일이 허다한 전쟁터 같은 외식 업계에서 수 십년 동안 한자리에서 장사를 이어온 식당들이 궁금하기 시작했다. 그래서 이 책을 만들기 시작했다. 음식에 이토록 까다롭고 진심인 우리나라 사람들을 만족시키고 다시 발걸음 하게 하는 마성의 매력을 가진 식당들을 모아 정리하는 일은 꽤나 보람될 것이라고 확신하면서. 이 책이 그 어떤 이들에게 선물이 되었으면 하는 바람을 더해서 말이다.

차례

2
가슴 시린 짜릿한 고향의 맛—**면요리**

③

골목을 지켜주는 오랜-터줏대감

5
육즙 터지는 고소한 풍미 — 肉

1

마음까지
채워주는
소울푸드
국밥

뜨끈한 국물이 생각날 때,
영원한 소울푸드

순댓국

고기, 당면, 선지, 채소 등의 재료를 잘게 다져 소나 돼지의 창자에 넣어 쪄낸 '순대'. 돼지뼈와 고기를 우려낸 국물에 먹기 좋게 자른 순대와 다양한 부속 부위를 넣고 한 번 더 끓여내면 먹음직스러운 '순댓국' 한 그릇이 완성된다. 푸짐한 양은 기본이고, 합리적인 가격으로 오랜 시간 함께 해오며 한국인의 대표적인 소울푸드로 자리 잡았다.

뜨끈뜨끈한 순댓국 국물 속에는 순대를 포함하여 머리고기, 콩팥, 염통, 오소리감투 등 쉽게 접할 수 없는 돼지의 다양한 부위가 들어 있어 푸짐함을 더한다. 쿰쿰한 국물에 밥 한 공기 말아 쫀득한 순대와 내장을 수저에 척척 얹어 먹다 보면 술 한잔이 절로 생각나기도 한다. 비슷한 재료인 듯하지만, 찹쌀 순대, 피순대, 병천 순대 등 지역에 따라 들어가는 순대 종류가 달라 각자의 개성을 느낄 수 있다. 순댓국은 다대기, 새우젓, 들깻가루, 파 등을 첨가하여 입맛에 맞게 만들어 먹는 재미도 쏠쏠하다.

1. 서울 신당동 '약수순대국'

'약수순대국'은 약수시장의 골목 안에 자리 잡은 순댓국 전문점으로 약 40년의 전통을 자랑한다. 대표 메뉴인 '순대국'은 주문과 동시에 고기를 담은 뚝배기에 국물과 밥을 넣고 토렴 후 내어준다. 밥을 따로 요청할 수는 있으나 토렴한 것을 추천하는 편. 돼지의 내장과 살코기, 순대 등이 푸짐하게 들어가 있으며, 주문 시 특별히 원하는 부위를 이야기하면 더 많이 내어준다. 진하면서도 기름지지 않고 깔끔한 국물에 고소한 들깻가루나 감칠맛을 더해줄 양념을 첨가하면 더욱 색다르게 즐길 수 있다. 순댓국은 2인분 이상부터 포장 가능하니 참고할 것.

식신 아메바메바 원래 따로국밥을 좋아하는데 여기는 토렴해서 나오는 게 어찌나 맛있던지~ 고기가 정말 많은데 마지막 한 숟갈 뜰 때까지도 계속 나온다. 처음에 순댓국집 줄이 뭐 이리 기나 했는데 납득이 가는 맛이다.

▲ Since: 1977
▲ 위치: 서울 중구 다산로8길 7
▲ 영업시간: 매일 10:00-21:00, 일요일 휴무
▲ 가격: 순대국 10,000원, 머리고기 27,000원

instagram.com/kt_yeseo_pap

2. 서울 신설동 '간판없는 순대국집'

상호처럼 특별한 간판 없이 문과 창문에 '순대국'이라는 글씨가 큼직하
게 적혀 있는 '간판없는 순대국집'. 대표 메뉴 '순대국'은 순대가 들어 있
지 않고 돼지 부속 부위만 담겨 나오는 점이 특징이다. 순댓국은 토렴
방식으로 제공되어 밥에 간이 고루 배어 있고 식사를 하는 내내 따뜻한
온도가 유지된다. 들깻가루와 새우젓이 미리 들어가 있어서 간을 하기
전 미리 국물 맛을 보는 것이 좋다. 재료 소진으로 영업을 조기 마감하
는 경우가 많으니 확인 후 방문하는 것을 추천한다.

식신 휴먼졸림체 자세히 보지 않으면 지나칠 것 같은 매장 외관이다. 메뉴는 깔끔하게 순댓국과 머리고기 두 가지만 파는데 늦게 가면 머리고기는 없을 수 있다. 숟가락을 들어 올릴 때마다 고기가 같이 올라올 만큼 고기가 많이 들어가 양에 대한 아쉬움은 없다. 밥도 토렴해서 나와 후루룩 국물과 함께 먹기 좋다.

▲ Since: 정보 확인 불가
▲ 위치: 서울 동대문구 하정로4길 12
▲ 영업시간: 매일 11:30 - 순대 소진 시 마감,
　　　　　　일요일 휴무
▲ 가격: 순대국 6,000원,
　　　　머리고기(소) 15,000원

Instagram.com/chogansik

3. 천안 성환리 '성환 순대 두번째집'

'성환 순대 두번째집'은 매월 1일과 6일에 열리는 성환 이화시장 장날에 만나볼 수 있다. 순댓국을 판매하는 천막이 줄지어 있는 순대타운에서 가장 많은 인기를 끌고 있는 곳이다. 대표 메뉴 '순대국밥'은 토렴을 한 밥 위로 통통한 순대와 큼직하게 썬 내장 부위를 넉넉하게 올려 제공한다. 진득한 국물 위에 올려진 다대기를 풀면 얼큰한 감칠맛이 더해지며 한층 깊은 맛을 선사한다. 순대와 내장 부위를 더욱 풍성하게 즐기고 싶다면 특 사이즈를 도전해봐도 좋다. 특은 뚝배기 가득 건더기와 국물이 담겨 나오기 때문에 공깃밥이 따로 나온다.

식신 **콩나고팥나고** 시골 오일장이라 별 기대 없이 갔다가 생각보다 구경할 거리가 많아 놀랐어요. 두 번째 집 순대국밥 먹어본 이후로는 너무 맛있어서 이거 먹으려고 성환에 종종 옵니다. 기본으로 시켜도 부족한 느낌 없이 양이 정말 많고 장사가 잘 되어 그런지 안에 들어 있는 내장도 냄새 안 나고 신선해요.

▲ Since: 1963

▲ 위치: 충남 천안 서북구 성환읍 성환1로 293

▲ 영업시간: 매일 09:30 - 20:30, 일요일 휴무

▲ 가격: 순대국밥 7,000원,
　　　모듬 순대(中) 12,000원

4. 부안 진동리 '할매피순대'

파란 지붕과 흰 대문이 정겹게 반겨주는 '할매피순대'. 마당에 들어서면
가마솥에서 펄펄 끓고 있는 육수와 가지런하게 쌓인 소나무 장작이 강
렬한 포스를 풍긴다. 대표 메뉴 '순대국밥'은 무쇠 가마솥에서 돼지 무
릎뼈를 약 8시간 이상 고아 낸 육수를 이용하여 남다른 구수함이 느껴
진다. 내장과 함께 들어 있는 피순대는 막창의 쫄깃함과 선지의 녹진함
을 동시에 선사한다. 왕겨로 훈연한 오디 소금으로 막창의 잡내를 완벽
하게 잡아 피순대를 처음 접하는 사람도 부담 없이 시도해볼 수 있다.
채소, 견과류, 물렁뼈, 선지, 삶은 콩을 잘게 다져 만든 순대 소는 씹을수
록 배가 되는 고소함이 일품이다.

식신 원나스짱ㅋ 시골집에 놀러 온 것같이 건물 외관과 내부가 정감 가요. 남다른 비주얼을 뽐내는 피순대를 보고 살짝 머뭇거렸지만, 막상 먹어보니까 너무 맛있어서 젓가락을 놓을 수 없었어요. 초장에 들깻가루 섞어서 찍어 먹으면 환상! 식사로 먹은 순대국밥과 고기가 아주 많이 들어 있고 순대, 돼지, 암뽕, 막창 중에 선택할 수 있어 좋았어요.

▲ Since: 1981~1982년으로 추정

▲ 위치: 전북 부안군 행안면 부안로 2524

▲ 영업시간: 매일 07:00 - 19:00, B/T(평일)
　　 15:00 - 17:00, 넷째 주 화요일 휴무

▲ 가격: 순대국밥 8,000원, 피순대 11,000원

순댓국 **29**

5. 천안 병천리 '충남집 순대'

'충남집 순대'는 1960년대 말부터 병천 순대 거리를 지켜오고 있는 터
줏대감이다. 부모님의 손맛을 물려받은 아들이 전통 방식을 고수하며
한결같은 맛을 유지하고 있다. 대표 메뉴 '순대국밥'은 맑은 국물로 나
와 들깻가루, 새우젓, 다대기, 후추, 다진 고추 등을 입맛에 맞게 넣어 먹
으면 된다. 돼지 사골을 장시간 끓여 만든 국물에 병천 순대와 내장, 머
리고기 등을 인심 좋게 담아낸다. 돼지 소창에 당면, 선지, 양배추 등 약
20여 가지 재료를 섞어 만든 병천 순대는 탱글탱글한 식감이 매력적이
다. 선지의 고소함과 갖은 재료들이 어우러진 병천 순대는 담백한 맛 덕
에 남녀노소 부담 없이 즐기기 좋다.

식신 심때님 천안 병천에서 가장 줄을 많이 서고 가장 인기가 있는 집입니다. 순대국밥 하나만으로도 오감을 사로잡고, 순대를 따로 먹어도 너무 맛있습니다. 병천 순대 스타일 그대로를 맛볼 수 있으며, 원하는 대로 새우젓, 양념장을 넣어 국밥의 맛을 조절할 수 있습니다. 30개월인 저희 아들도 너무 좋아해요.

▲ Since: 1940년대로 추정

▲ 위치: 충남 천안 동남구 병천면 충절로 1748

▲ 영업시간: 매일 08:00 - 19:00

▲ 가격: 순대국밥 8,000원, 순대 접시 14,000원

6. 제주 서귀포 '범일분식'

자그마한 분식집으로 시작해 순대 전문점으로 자리 잡은 '범일분식'. 지나온 시간의 흔적이 고스란히 담겨 있는 매장은 정겨운 분위기를 물씬 풍긴다. 돼지뼈와 들깨를 4시간 이상 푹 끓여 걸쭉한 순댓국과 함께 공깃밥, 밑반찬이 차려지는 '순대백반'이 대표 메뉴. 밑반찬으로 나오는 깻잎지에 순대를 싸서 함께 먹으면 순대의 쫄깃함을 한층 살려준다. 돼지 막창에 선지, 찹쌀, 채소를 넣어 두툼하게 썰어낸 '순대 한접시'도 인기 메뉴. 다양한 부속 부위가 푸짐하게 제공되어 술안주로도 즐겨 찾는다. 재료 소진으로 조기 마감하는 경우가 종종 있으니 여유 있게 방문하길 권한다.

식신 맛집돌 I 제주 현지인들이 하나같이 다 추천하는 곳! 순대백반에 나오는 순댓국은 들깻가루가 많이 들어가 있어 국물이 엄청나게 걸쭉해요. 밥까지 말아 먹으면 정말 든든한 보양식 먹고 나온 느낌이에요. 들깨의 구수함을 온전히 느낄 수 있었던 한 그릇이었습니다.

▲ Since: 1995

▲ 위치: 제주 서귀포 남원읍 태위로 658

▲ 영업시간: 매일 09:00 - 17:00, 토요일 휴무

▲ 가격: 순대백반 7,000원,
　　　　순대 한접시 10,000원

순댓국 **33**

nstagram.com/hansbrough_86

늦은 새벽까지 부어라 마셔라 하면서 술과 안주를 즐긴 다음 날
이면 지끈거리는 두통과 울렁거리는 속을 잡고 눈을 힘겹게 뜬
다. 이럴 때 생각나는 건 뜨끈뜨끈한 국물로 속을 풀어주는 '해
장국'이다. 해장국은 과거 숙취를 푼다는 의미를 지닌 해정(解
酊)국에서 유래했다고 본다. 해장국의 주재료로 쓰이는 북어와
콩나물은 시원한 맛은 물론 해독을 돕고 간의 피로를 덜어주는
성분들이 포함되어 있어 해장에 도움을 준다.
해장국은 지역별로 재료와 조리 방법을 달리하여 발전해왔다.
시원한 국물이 속을 풀어주는 콩나물 해장국부터 해장하러 갔
다가 술을 주문하게 부르는 뼈 해장국, 제주 전통의 맛을 담은
고사리 해장국까지 해장도 입맛에 맞게 골라 먹는 시대가 왔다.

1. 서울 용두동 '어머니대성집'

1967년부터 3대째 대를 이어 운영중인 '어머니대성집'. 2020년에 3층 규모의 건물로 확장 이전하여, 보다 넓고 쾌적한 분위기 속에서 식사를 할 수 있다. 대표 메뉴 '해장국'은 직접 말린 우거지를 듬뿍 넣어 시원한 맛을 낸 국물에 콩나물, 양지고기, 선지를 푸짐하게 담아 제공한다. 토렴 과정을 거친 해장국은 밥알 사이사이 국물이 스며들어 있어 간이 균일하게 배어 있는 점이 특징이다. 진득한 국물에 어우러진 부드러운 우거지와 탱글탱글한 선지의 조화가 일품이다. '모듬수육', '육회', '등골' 등의 다양한 안주 메뉴도 준비되어 있어 애주가들의 많은 사랑을 받고 있다.

식신 살빼지마 매장 새로 이사하고 나서 바로 가봤어요. 맛은 역시나 변함없이 해장국과 수육, 육회, 비빔밥 등 하나같이 다 맛있습니다. 이사하면서 SNS도 새로 만드셨는데 정보를 확인할 수 있어 좋았어요.

▲ Since: 1967
▲ 위치: 서울 동대문구 왕산로11길 4
▲ 영업시간: 매일 00:00 - 24:00,
　　　　　 B/T 15:00 - 18:00
▲ 가격: 해장국 10,000원,
　　　　소고기 수육 35,000원

2. 서울 용문동 '창성옥'

용문시장이 개장한 1948년부터, 시장 내 한 자리를 지켜오고 있는 '창성옥'. 서울 미래유산으로 지정될 만큼 오랜 역사를 이어오고 있는 이곳은 용문동 해장국의 뿌리로 불린다. 대표 메뉴 '해장국'은 가마솥에서 소뼈를 여러 번 삶아낸 육수에 된장으로 간을 맞춘 후 배추 속대, 선지, 소뼈가 어우러져 농후한 맛이 느껴진다. 해장국 위에 올려진 파 양념장은 매콤하면서도 달짝지근한 맛을 더하며 맛을 한층 풍부하게 해준다. 얼큰한 국물에 고기와 선지를 더욱 푸짐하게 넣고 끓여낸 '뼈전골'도 즐겨 찾는다. 밥에 달걀 프라이를 추가하여 전골 국물을 얹어 비벼 먹는 방법도 많은 인기를 끌고 있다.

식신 rrjsQkdd 용문동에는 유명한 해장국 집이 많지만 제가 가장 좋아하는 곳이에요. 군더더기 없이 재료들의 맛이 잘 느껴지는 해장국도 좋고 술이랑 같이 먹기 좋은 뼈전골까지 꼭 드셔 보시길 추천해요.

▲ Since: 1948(용문시장 내 장사), 1955(매장 장사)
▲ 위치: 서울 용산구 새창로 124-10
▲ 영업시간: 매일 06:00 - 24:00
▲ 가격: 해장국 8,000원,
　　　　 뼈전골(소) 24,000원

3. 서울 효창동 '한성옥해장국'

용산 3대 해장국 맛집 중 한 곳으로 손꼽히는 '한성옥해장국'은 진한 국물 덕에 많은 마니아층을 보유하고 있다. 이른 새벽부터 영업을 시작하여 식사를 위해 들르는 택시 기사님들도 자주 볼 수 있다. 서울식 해장국 스타일로 소 목뼈와 선지, 우거지가 들어간 '해장국'이 대표 메뉴이자 단일 메뉴이다. 소 목뼈에 토실토실하게 붙어 있는 고기는 젓가락으로 살이 쉽게 발라질 만큼 부드러운 식감이 매력적이다. 묵직하면서도 깊은 맛이 느껴지는 국물과 탱탱하면서도 녹진한 맛이 일품인 선지, 시원한 맛을 더하는 우거지가 조화롭게 어우러지며 속을 든든하게 채워준다.

식신 긴생머리그녀 영업시간이 짧아서 슬프지만 정말 해장국 집에서도 제대로예요. 국물이 아주 진해서 한 숟갈만 먹어도 진국인 게 느껴지더라구요. 뼈에도 살이 은근 많이 붙어 있어 밥까지 말아 먹으면 완전 배불러요.

▲ Since: 1941

▲ 위치: 서울 용산구 백범로 283

▲ 영업시간: 매일 03:00 - 15:00, 재료 소진 시 조기 마감

▲ 가격: 해장국 8,000원

4. 제주 삼도동 '우진해장국'

'우진해장국'은 제주에서만 맛볼 수 있는 독특한 향토 음식을 선보인다. 식사를 주문하면 김치, 풋고추, 오징어 젓갈 구성의 단출한 밑반찬이 차려진다. 대표 메뉴는 추어탕을 연상시키듯 걸쭉한 국물이 인상적인 '고사리육개장'. 햇볕에서 바싹 말린 고사리는 물에서 12시간 불린 뒤 솥에서 5시간 동안 푹 삶아 쓴맛을 제거하고 부드러운 식감을 살렸다. 삶은 고사리는 기계와 손으로 뭉그러트려 제주산 흑돼지 사골 육수와 끓여 둔 다음 손님에게 나가기 직전 뚝배기에 한 번 더 끓여 진득한 맛을 완성한다. 향긋한 고사리 풍미가 담긴 해장국이 후루룩 넘어가며 속을 뜨끈하게 채워준다.

식신 미블링 고사리죽 같은 식감이 느껴졌고, 반찬 없이 밥이랑 고사리육개장 단 두 개만 있어도 한 끼로 든든해요. 제주도에서만 특별히 맛볼 수 있는 음식으로 고사리를 갈아 넣어 만든 육개장인데 고기 같은 식감이 느껴져 신기했고, 고사리를 안 좋아해도 맛있게 드실 수 있지 않을까 싶어요!

▲ Since: 2001

▲ 위치: 제주 제주 서사로 11

▲ 영업시간: 매일 06:00 - 22:00

▲ 가격: 고사리육개장 9,000원, 몸국 9,000원

해장국 **43**

5. 서울 다동 '무교동북어국집'

'무교동북어국집'은 1968년부터 지금까지 북엇국 하나로 승부해오고 있는 곳이다. 대표 메뉴는 한우 사골 육수에 북어 대가리와 뼈를 우린 육수를 섞어 깊고 담백한 맛을 완성한 '북어해장국'. 북어와 두부, 달걀이 어우러진 뽀얀 국물은 간이 자극적이지 않아 속을 부드럽게 달래준다. 북어해장국은 처음에 삼삼한 국물을 맛본 후, 입맛에 따라 새우젓을 넣어 간을 맞춰 먹으면 된다. 북엇국은 리필이 가능한데 건더기만, 국물만, 건더기와 국물 등과 같이 취향에 맞게 주문할 수 있다.

식신 바나나우유 어느 시간엘 가나 항상 줄이 길다. 특히 아침에는 사람들이 정말 많은데. 회전율도 빨라서 금방 들어갈 수 있다. 메뉴는 딱 하나. 평범한 북엇국인데 구수한 국물맛에 어제 먹은 술기운이 스스륵 녹는다. 속도 편안하고 배도 든든해진다.

▲ Since: 1968
▲ 위치: 서울 중구 을지로1길 38
▲ 영업시간: 평일 07:00 - 20:00, 주말 07:00 - 15:00
▲ 가격: 북어해장국 8,000원

stagram.com/jeju_man

진한 국물에
가슴까지 따뜻해지는

곰탕

몸이 으슬으슬 떨리는 날이면 따끈한 국물 음식이 절로 생각난
다. 진득한 고깃국물에 영양까지 담아낸 '곰탕' 한 그릇이면 마음
까지 채워줄 수 있을 것 같다. '곰탕'의 유래를 살펴보면, 조선 시
대 어학서인 『몽어유해』에서 몽고에서는 맹물에 고기를 넣고 끓
인 것을 공탕(空湯)이라 하여, 여기서 공탕이 곰탕으로 변화된
것으로 보인다.

또한, 곰탕은 장날에 소의 머리고기, 내장 등을 푹 고아 우려내어
팔던 장국밥에서 유래됐다. 곰탕의 '곰'이란 '고다'의 명사형으로
오랫동안 푹 고아서 국물을 낸다는 뜻이다. 조선 중종 때 발간된
『훈몽자회』에 '탕은 국에 비해 국물이 진한 데다 공이 많이 들어
가는 진귀한 음식'이라고 설명되어 있으며, 그중 곰탕은 높은 영
양가와 구수한 맛으로 인해 임금님 수라상인 12첩 반상에 오를
정도로 인기 있는 보양식이었다.

instagram.com/jgpark

1. 나주 중앙동 '나주곰탕 하얀집'

나주의 4미(味) 중 하나인 나주곰탕의 원조로 불리는 '나주곰탕 하얀집'. 1910년 나주시장에서 곰탕을 판매했던 증조할머니를 시작으로 현 사장님까지 4대째 가업을 이어오고 있다. 대표 메뉴 '곰탕'은 가마솥 바닥에 얇게 썬 사골을 깔고 약 40kg의 사태, 양지, 목심을 켜켜이 쌓아 오랜 시간 우려낸 육수에 밥을 토렴하여 제공한다. 기름기를 일일이 제거하여 담백한 맛을 살린 국물엔 한우 사골과 고기의 구수한 풍미가 묵직하게 스며들어 있다. 토렴을 통해 탱글탱글하게 살아난 밥알과 부드럽게 씹히는 고기, 따끈한 국물이 완벽한 하모니를 이룬다.

식신 워너비하이디 뽀얀 곰탕보다 이렇게 나주식으로 맑은 곰탕을 좋아해서 자주 가는 곳이에요. 국물을 한번 먹어보면 왜 100년 넘게 영업을 해오고 있는지 알 수 있지요. 고기도 맛있고 같이 내주는 김치 에서도 남다른 내공이 느껴집니다. 고기도 그렇고 쌀, 김치 등등 다 국내산 재료만 사 용해서 더 믿음이 가는 맛이에요.

▲ Since: 1910
▲ 위치: 전남 나주 금성관길 6-1
▲ 영업시간: 매일 08:00 - 20:00, 첫째,
　　　　　　셋째 월요일 휴무
▲ 가격: 곰탕 9,000원, 수육 35,000원

instagram.com/dippa

2. 서울 명동 '하동관 명동 본점'

'하동관 명동 본점'은 1939년 수하동에서 시작하여 서울 도시계획사업으로 2007년 명동으로 터를 옮긴 뒤 80년이 넘는 역사를 이어오고 있다. 김영삼 전 대통령, 김대중 전 대통령, 이병철 전 삼성그룹 회장, 김우중 전 대우그룹 회장 등 정ㆍ재계 인사들도 즐겨 찾던 곳이다. 대표 메뉴는 서울 반갓집 전통 스타일로 선보이는 '곰탕'. 한우 암소의 사골, 양지, 내장을 4시간 동안 팔팔 끓이며 고기의 짙은 풍미를 국물에 고스란히 녹여낸다. 수시로 기름기를 걷어가며 완성한 곰탕은 깔끔하게 넘어가는 국물 맛이 으뜸이다. 곰탕 보통 사이즈는 고기만 나오며 특 사이즈 이상부터 고기와 내장이 함께 제공된다.

instagram.com/heycg_

instagram.com/meok.302

instagram.com/kwangpil_lim

식신 민g 여기 정말 곰탕 국물이 끝내줍니다. 먹고 나면 속이 확 풀리는 느낌. 곰탕 일반으로 먹어도 엄청 든든해요. 송송 썰려진 파가 테이블에 놓여 있는데 저는 듬뿍 넣어서 먹는 게 맛있더라고요. 여기 깍두기랑 배추김치도 정말 맛있으니 꼭 같이 드셔 보시길 추천합니다.

instagram.com/elppa7

▲ Since: 1939

▲ 위치: 서울 중구 명동9길 12

▲ 영업시간: 매일 07:00 - 16:00, 일요일 휴무

▲ 가격: 곰탕 13,000원, 수육(중) 30,000원

instagram.com/j.b.y.81

3. 영천 완산동 '포항할매집'

'포항할매집'은 영천공설시장 곰탕 골목에서 3대째 가업을 이어오고 있는 곳이다. 매장 들어서는 입구에 놓인 가마솥에서 국물이 팔팔 끓고 있는 모습이 식사 전 기대감을 한껏 살려준다. 새벽부터 소의 다양한 뼈와 고기 부위를 오랜 시간 푹 고아낸 육수로 선보이는 '소머리곰탕'이 대표 메뉴다. 테이블에 등장하는 순간 구수하게 퍼지는 풍미가 입맛을 돋워준 뒤, 육향 가득한 국물이 속을 뜨끈하게 채워준다. 국물 안에는 양깃살, 머리고기, 양 등의 고기가 넉넉하게 들어 있어 푸짐함을 더한다. 곰탕은 들어가는 재료와 양에 따라 '특곰탕', '한우 소머리곰탕', '살코기곰탕', '양곰탕' 등 다양한 종류가 준비되어 있다.

식신 버섯송이 특별한 기교를 부리지 않고 정직하게 만든 곰탕 한 그릇. 일반 사이즈도 충분할 만큼 고기가 많이 들어가 있는 편이다. 식사하는 것 같은 느낌도 있지만 한 그릇 다 먹고 나면 몸에 좋은 보양식을 먹은 것 같은 느낌이 드는 곳이다.

▲ Since: 1950

▲ 위치: 경북 영천 완산동 1300-6

▲ 영업시간: 매일 06:00 - 21:00, 1일, 15일 휴무

▲ 가격: 소머리곰탕 8,000원,
　　　소모듬수육(소) 15,000원

instagram.com/kimsangi

4. 서울 영등포 '남평식당'

'남평식당'은 나주에서 약 60년 전통을 자랑하는 곰탕 전문점의 셋째
딸이 운영하는 곳이다. 어머니의 손맛을 물려받은 사장님이 서울에서
정통 나주 스타일 곰탕을 고스란히 재현한다. 대표 메뉴는 기본적으로
어느 정도 간이 되어 있는 국물에 뽈살, 우설, 아롱사태, 머리고기 등 다
양한 부위가 어우러진 '수육곰탕'. 국물에 촉촉하게 적셔진 고기와 토렴
과정을 거쳐 밥알 사이사이 감칠맛이 진하게 스며든 밥의 조화가 일품
이다. 전라도에서 공수한 배추김치와 깍두기도 별미다. 진한 육향을 머
금은 국물에 새콤한 김치가 균형을 잡아주며 깔끔한 뒷맛을 선사한다.

식신 태희태희태희태희 특곰탕을 좋아하는 사람으로서 정말 남들에게 자신 있게 추천할 수 있는 넘버원 식당. 김치와 곰탕 이렇게 상차림이 차려지는데 정말 다른 밑반찬은 필요 없이 이 정도면 충분하다. 비슷한 콘셉트의 다른 식당들에 비해 고기가 아주 많이 들어가 가성비도 좋고 한 그릇 먹으면 완전 든든하다.

▲ Since: 나주에서부터 영업하여 서울 매장은 2011년에 개장.
▲ 위치: 서울 영등포구 버드나루로7길 7
▲ 영업시간: 평일 08:00 - 15:00, 주말 휴무, 재료 소진 시 조기 마감
▲ 가격: 수육곰탕 12,000원, 수육 30,000원

곰탕 **55**

뽀얀 국물과 수육
마음까지 든든한

4

설렁탕

'선농탕', '설농탕' 등 여러 개로 불리던 이름만큼이나 수많은 유래를 지닌 '설렁탕'. 조선 시대에 농사를 다스리는 신에게 감사의 의미로 떡과 술을 바치던 선농제에서 소고기를 끓인 국물을 백성과 나눠 먹었다는 것에서 유래한 설, 고기를 맹물에 삶은 몽골의 음식 '슈루, 슐류'에서 차용되었다는 설, 국물이 뽀얗게 우러날 때까지 설렁설렁 끓이는 것을 보고 이름을 지었다는 설 등 다양한 유래가 전해지고 있다.

설렁탕은 사골, 도가니, 사태, 우설, 허파, 양지머리 등 소의 뼈, 내장, 잡고기를 한 솥에서 푹 고아 만든 요리다. 고기로 국물을 내는 곰탕과 유사한 듯하지만, 설렁탕은 뼈와 사골이 들어가 국물이 하얗고 더욱 구수한 맛을 자랑한다. 부옇게 끓여 낸 국물에 소면과 먹게 좋게 썬 고기를 넉넉하게 담은 설렁탕은 기호에 따라 양념장, 김칫국물, 파, 후추 등을 곁들여 먹어도 좋다.

1. 서울 견지동 '이문설농탕'

1904년 개업 후 지금까지 명맥을 유지하는 한국 요식업 1호 '이문설농탕'. 종로의 역사를 함께한 공로를 인정받아 서울 미래 유산으로 지정된 곳이기도 하다. 대표 메뉴는 토렴된 밥과 소면이 담겨 나오는 형식의 '설농탕'. 뽀얀 국물과 맑은 국물의 중간쯤 되는 설렁탕은 슴슴하면서도 구수한 맛이 일품이다. 고기국물임에도 불구하고 기름기가 덜해 담백한 것이 특징. 기본 간이 되어 있지 않아 개인의 취향에 맞춰 소금, 후추, 대파 등을 첨가해 먹을 수 있다. '특설렁탕'을 주문 시 비장이나 소 혀, 머릿고기 등 소의 다양한 부위를 맛볼 수 있다. 설렁탕과 김치 모두 조미료를 사용하지 않아 자극적이지 않고 깔끔한 맛이 특징이다.

식신 본격먹방투어 100년을 넘어 거의 120년 동안 장사를 해 온 비결이 뭘까 궁금해서 다녀왔어요. 설렁탕에 간을 맞추고 파를 듬뿍 넣어 한술 뜨자마자 크으 소리가 절로 나오네요. 설렁탕 정석의 맛을 느껴보고 싶다면 꼭 한 번 가보시길!

▲ Since: 1904
▲ 위치: 서울 종로구 우정국로 38-13
▲ 영업시간: 월 - 토요일 08:00 - 21:00, 일요일
   08:00 - 20:00, B/T(평일) 15:00 -
   17:00
▲ 가격: 설농탕 10,000원, 수육 37,000원

2. 서울 잠원동 '영동설렁탕'

'영동설렁탕'은 24시간 매장 운영을 하고 있어 새벽에는 해장을, 점심에는 식사를, 저녁에는 술을 즐기러 오는 손님들로 가득하다. 노포스러운 느낌이 물씬 나는 건물 외관과 달리 매장 내부는 깔끔한 분위기를 자랑한다. 대표 메뉴는 뚝배기에 아무런 고명 없이 진한 국물과 고기, 소면이 담겨 나오는 '설렁탕'. 간이 되어 있지 않아, 테이블에 놓인 파 슬라이스와 후추, 소금을 입맛에 맞게 넣어 먹으면 된다. 소고기 본연의 맛에 충실한 국물은 묵직하게 퍼지는 짙은 고소함이 매력적이다. 설렁탕은 주문 시 기호에 따라 기본 구성부터 기름 빼기, 소면사리 빼기, 조미료 빼기까지 다양하게 주문할 수 있다.

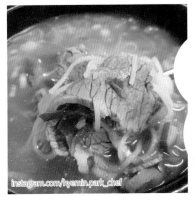

식신 마이동풍 새벽에 갑자기 설렁탕 먹고 싶어서 방문한 곳이에요. 원하는 만큼 파를 넣어 먹을 수 있었던 점이 좋았고 신기하게 깍두기 국물이 주전자에 담겨 있어서 편하게 부어 먹을 수 있었어요. 김치 자체가 맛있어서 국물에 밥 말아서 같이 먹으면 한 그릇 뚝딱임.

▲ Since: 1976

▲ 위치: 서울 서초구 강남대로101안길 24

▲ 영업시간: 매일 00:00 - 24:00

▲ 가격: 설렁탕 11,000원, 수육 38,000원

설렁탕 **61**

instagram.com/inq_

3. 서울 중곡동 '유일설렁탕'

1987년부터 지금까지 용마산 인근에서 한 자리를 지켜오고 있는 '유일설렁탕'. 오랜 단골들의 방명록으로 빼곡하게 채워진 매장 내부에서 세월의 흔적이 느껴진다. 대표 메뉴 '설렁탕'은 기름진 뽀얀 국물에 삶은 소면과 고기를 넉넉하게 담아 공깃밥과 함께 제공한다. 양지와 아롱사태를 2시간 이상 끓인 육수에 사골과 잡뼈를 넣어 18시간 동안 우려낸 국물은 진한 고기의 풍미가 그대로 담겨 있다. 김이 모락모락 피어오르는 국물이 뜨끈하게 목을 타고 내려가며 빈속을 든든하게 채워준다. 개운하게 딱 떨어지는 국물과 부드러운 고깃결의 조합이 매력적이다.

식신 햄스멜 용마산 등산로 쪽에 있어서 등산 전후로 식사할 때 종종 갑니다. 설렁탕에서 빠질 수 없는 소면도 딱 알맞게 익은 상태로 들어 있고 고기도 많이 들어 있어 특 사이즈로 먹으면 배터져요. ㅎㅎ 국물은 고기 맛있는 맛만 담겨 있고 특유의 냄새가 나질 않아서 호불호 없이 먹을 수 있는 맛이에요.

▲ Since: 1987

▲ 위치: 서울 광진구 용마산로 154

▲ 영업시간: 매일 09:00 - 21:30

▲ 가격: 설렁탕 8,000원, 수육 35,000원

instagram.com/possels

4. 안성 영동 '안일옥 본점'

'안일옥'은 한국에서 5번째, 경기도에서 가장 오래된 한식당이다. 안성 우시장에서 나오는 소뼈와 내장, 부산물 등을 넣고 푹 끓인 국밥을 시장 한 터에서 팔기 시작한 것이 시초다. 한국전쟁 이후 창업자의 며느리가 '안일'옥이라는 간판을 걸고 정식으로 가게를 열었다. 모든 메뉴는 전통방식 그대로 가마솥에 불을 지펴 사골을 17시간 동안 푹 끓인 육수를 기본으로 만들어진다. 들어가는 재료 고기 부위에 따라 설렁탕, 도가니탕, 갈비탕 등으로 나뉜다. 그 중, 뽀얀 국물 속 살코기와 소머리고기가 넉넉하게 들어간 '설렁탕'이 대표 메뉴다. 담백한 국물은 식어도 잡내 없이 깔끔한 맛이 유지된다.

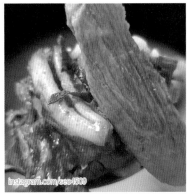

식신 세종대왕 국물이 정말 진국이라 한 그릇 다 먹고 나면 그냥 식사가 아닌 몸에 좋은 보양식을 먹은 것 같은 느낌이 듭니다. 설렁탕은 기본으로 시켰는데도 고기가 많이 들어 있어 속이 아주 든든했어요.

▲ Since: 1920

▲ 위치: 경기 안성 중앙로411번길 20

▲ 영업시간: 매일 08:00 - 21:00, B/T 15:00 - 17:00

▲ 가격: 설렁탕 9,000원, 소머리 수육(소) 25,000원

5. 성남 야탑동 '감미옥'

현대적인 건물에 기와지붕이 달린 건물 외관이 이목을 끄는 '감미옥'. 한옥 서까래 구조를 살린 천장과 따스한 느낌의 원목 가구가 어우러진 매장 내부는 전통미가 느껴진다. 대표 메뉴 '설렁탕'은 세월의 흔적이 느껴지는 뚝배기에 밥, 소면, 양지를 푸짐하게 말아 제공한다. 따끈한 국물에 푹 적셔진 양지는 야들야들한 식감을 자랑하며 부드럽게 넘어간다. 소면과 밥알에는 국물이 진득하게 스며들며 짙은 구수함을 더한다. 굵은 고춧가루 양념이 강렬한 느낌을 주는 김치는 겉절이, 묵은지, 섞박지 세 종류가 나와 입맛에 맞게 곁들여 먹으면 된다. 갓 지은 따끈한 돌솥밥에 설렁탕을 즐길 수 있는 '돌솥설렁탕'도 즐겨 찾는다.

식신 젤리푸딩 24시간 영업을 하고 있어 부담 없이 가기 좋아요. 식사 시간에 가면 매장이 큰 데도 정말 만석이더라구요. 항상 갈 때마다 먹는 설렁탕은 파 팍팍 뿌려서 먹으면 정말 맛있어요. 밥 자체에서 나오는 단맛, 진한 국물의 조화가 엄지 척이네요!

▲ Since: 정보 확인 불가

▲ 위치: 경기 성남 분당구 탄천로 181

▲ 영업시간: 매일 00:00 -24:00, B/T(평일)
15:00 - 17:00

▲ 가격: 설렁탕 10,000원, 접시수육 45,000원

6. 서울 도화동 '마포양지설렁탕'

1974년 첫 문을 연 '마포양지설렁탕'은 마포의 근대 역사와 함께해온 곳이다. 2018년, 2층 규모의 최신식 건물로 새 단장을 하며 한결 깔끔한 분위기에서 식사를 즐길 수 있게 되었다. 대표 메뉴 '설렁탕'은 육수의 맛을 제대로 음미할 수 있도록 토렴 방식으로 제공한다. 따끈하게 데운 뚝배기에 소면 사리와 넓적하게 썬 고기를 담고 육수를 넣었다 뺐다 하는 과정을 거쳐 깊이감 있는 맛을 살렸다. 사골의 짙은 구수함과 양지머리의 풍미가 어우러진 국물이 속을 뜨끈하게 어울려 만져준다. 뽀얀 국물에 파를 넣고 공깃밥을 말아 김치를 척 올려 먹으면 든든한 한 끼를 해결할 수 있다. 김치는 파김치부터 배추김치, 깍두기까지 세 종류가 준비되어 있다.

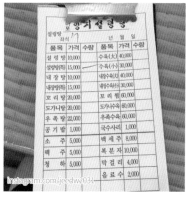

식신 재하 뚝배기에 담겨 나오는 설렁탕에 아무것도 넣지 않고 국물만 한 번 맛봤는데 잡내 없이 국물이 정말 진국이에요. 파향을 좋아해서 파를 듬뿍 올려서 먹으니 고소한 국물에 파 향이 은은하게 스며들면서 맛이 좋네요. 고기도 질기거나 냄새 안 나고 밥이랑 술술 부드럽게 넘어가요.

▲ Since: 1974

▲ 위치: 서울 마포구 새창로 6

▲ 영업시간: 매일 07:00 - 21:30

▲ 가격: 설렁탕 10,000원, 수육(소) 30,000원

우리나라는 예로부터 무더위에 지친 몸을 보호하기 위해 탕 종류의 보양식이 발달하였다. 대표 보신 음식인 개장국이 호불호가 갈리자 개고기와 육질과 맛이 비슷한 소고기를 넣고 끓였다는 것에서 '육개장'이 유래하였다. 육개장은 칼칼한 국물에 소고기와 데친 파, 고사리 등 각종 채소를 넣어 풍성한 식감과 풍미를 선사한다.

육개장 한 그릇엔 오랜 시간 고아 만든 사골 국물과 소고기를 하나하나 잘게 찢어 넣는 등 재료 하나하나 올곧은 정성이 담겨있다. 지역에 따라 대파, 고사리, 숙주, 토란대 등 재료를 추가하여 개성을 더하기도 한다. 건강한 재료로 끓인 육개장은 영양소도 고루 갖추고 있어 맛과 건강을 동시에 챙길 수 있다. 뜨끈한 정성이 녹아든 매콤한 국물이 마음속까지 온기를 가득 채워준다.

instagram.com/ku9936014

1. 서울 문배동 '문배동 육칼'

'문배동 육칼'은 삼각지 고가도로 바로 아래에서 약 40년간 자리를 지켜오고 있다. 얼큰한 국물 맛과 푸짐한 양 덕에 인근 주민과 직장인들의 식사 장소로 인기를 끌고 있다. 대표 메뉴는 육개장 국물과 밑반찬, 공깃밥, 칼국수 면사리가 함께 나오는 '육개장'. 24시간 동안 진하게 우려낸 한우 사골 육수에 양지머리, 파, 양념장, 고사리를 넣고 한 번 더 끓여 묵직하면서도 칼칼한 국물 맛을 우려낸다. 국물에 면을 2~3 차례 정도 나눠 넣어 먹은 뒤 공깃밥을 말아 든든하게 마무리하면 된다. 부드러운 면발과 꼬들꼬들한 밥알을 국물이 진득하게 감싸며 깊은 맛을 더한다.

식신 아코디언 사골 국물 베이스로 해서 그런지 국물 맛이 진해요. 큼직하게 썰려 있는 파도 후루룩 넘어갈 정도로 엄청 부드러워요. 칼국수 면을 한 번에 넣고 먹으면 면이 불고 양념이 잘 안 스며드니까 꼭 나눠 먹기를 권합니다!

▲ Since: 1980
▲ 위치: 서울 용산구 백범로90길 50
▲ 영업시간: 월 - 토요일 09:30 - 19:30, 일요일
　　　　　09:30 - 16:00
▲ 가격: 육개장 9,000원, 육칼 9,000원

instagram.com/sd_kin

2. 대전 삼성동 '명랑식당'

삼성동 인쇄소 골목에 위치한 '명랑식당'. 조선시대 순종 임금의 수라간 상궁이었던 창업주 석기숙 씨의 고모에게 전수받은 레시피 그대로 만드는 궁중식 육개장을 만나볼 수 있다. 대표 메뉴 '육개장'은 파개장이라는 별명이 붙을 만큼 파가 듬뿍 들어간 비주얼이 인상적이다. 파는 뜨거운 물에 한 번 데쳐 사용하여 매콤함을 제거하고 특유의 시원함을 한층 살려냈다. 파의 들큼함이 우러나온 사골 국물에 부드럽게 씹히는 양지고기의 조화가 일품이다. 고기와 파가 국물 가득 담겨 있어 조금 건져 먹은 후 밥을 마는 것을 추천한다. 아침부터 점심시간까지만 영업을 하니 방문 시 참고할 것.

식신 슈크림빵 궁중 스타일이라 그런지 고사리 없이 대파와 고기가 주를 이루는 육개장입니다. 파를 다 먹을 수 있을까 싶을 정도로 많이 들어 있는데 다 먹고 리필까지 했어요. 파 리필 했는데 처음 나온 것처럼 아주 많이 주셔서 넘 감사하게 잘 먹고 나왔습니다. ^^

▲ Since: 1983

▲ 위치: 대전 동구 태전로 56-20

▲ 영업시간: 매일 11:00 - 15:00, 일요일 휴무

▲ 가격: 육개장 9,000원

instagram.com/blurlbnsu

3. 대구 시장북로 '옛집식당'

서문시장과 달성공원 사이의 좁은 골목길에 자리 잡고 있는 '옛집식당'. 1948년부터 현재까지 3대째 대를 이어 오고 있다. 은빛 자개농, 붉은 마룻바닥과 밥상이 할머니 집에 온 것 같은 정겨운 분위기를 자아낸다. 한우로 만든 대표 메뉴 '육개장'은 두부전, 깍두기, 부추무침, 고추장 아찌와 함께 한 상이 차려진다. 기름지지 않고 깔끔한 국물에는 대파와 토란대가 들어가 있으며, 양짓살 대신 기름기가 적은 사태 부위가 두툼하게 썰어져 담긴 것이 특징이다. 처음 한 입은 육개장에 나온 그대로의 맛을 느끼고, 반 정도 먹은 후엔 다진 마늘을 넣어 짙은 감칠맛을 더해두 가지 버전으로 즐길 수 있다. 육개장 국물은 리필이 가능하다.

식신 자격증콜렉터 육개장 고기가 잘게 찢겨져 있는 것이 아닌 큼직하게 썰려 나와요. 고기는 하나도 질기지 않고 부드럽게 씹혀서 잘 익은 파랑 같이 우걱우걱 먹기 좋습니다. 일반적인 육개장에 비해 기름진 맛이 덜해 훨씬 깔끔하면서도 부담 없이 먹기 좋았어요.

▲ Since: 1948

▲ 위치: 대구 중구 달성공원로6길 48-5

▲ 영업시간: 매일 11:00 - 18:00, 일요일 휴무

▲ 가격: 육개장 9,000원

4. 서울 을지로 '부민옥'

'부민옥'은 을지로 일대에서 60년이 넘는 전통을 자랑하는 곳이다. 육개장, 선짓국, 복국 등 식사 메뉴부터 도가니수육, 곱창전골 등 안주 메뉴까지 다양하게 준비되어 있다. 대표 메뉴는 결대로 찢은 살코기를 듬뿍 얹은 '육개장'. 6~7시간 동안 푹 고아낸 사골 육수에 큼직하게 썬 대파를 넣고 소금, 고춧가루로만 간을 맞춘다. 최소한의 양념만 사용하여 파의 단맛과 고기의 육향이 국물에 진하게 담겨 있다. 투박하게 썰어낸 양과 미나리, 고추, 양파 등 채소를 참기름 소스로 무쳐낸 '양무침'도 인기 메뉴. 쫄깃쫄깃한 식감과 푸짐한 양 덕에 애주가들이 술안주로 즐겨 찾는다.

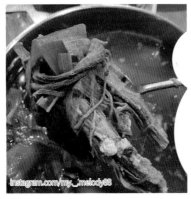

식신 힘듦베이비 식사랑 술을 동시에 해결할 수 있는 식당이다. 밥 먹으러 가면 주로 육개장을 먹는데 국물이 정말 고깃국인가 싶을 정도로 고기가 아주 많이 들어있다. 국물은 한 입 뜨자마자 진국이라는 소리가 절로 나온다. 평상시에 잘 먹는 편인데 육개장에 밥까지 말아 먹으면 배가 정말 터질 것 같은 포만감이 들어요.

▲ Since: 1956

▲ 위치: 서울 중구 다동길 24-12

▲ 영업시간: 매일 11:00 - 22:00, B/T 14:00 - 17:00, 일요일 휴무

▲ 가격: 육개장 9,000원, 양무침(소) 30,000원

2

가슴 시린
짜릿한
고향의 맛

면요리

tagram.com/jiwoneeey

가슴 시린 짜릿한
마음의 향수

1

평양냉면

무더운 날씨가 찾아오면 시원한 냉면 한 그릇이 절로 떠오른다.
냉면 중에서도 '평양냉면'은 담백한 맛을 추구하여 여름철 갈증
을 달래주는 데 제격인 음식이다. 평양냉면은 짜거나 매운 자극
적인 맛 대신, 담백한 맛을 즐기는 평양의 지역적 특색을 그대로
담아낸 전통음식이다. 평양지역 일대에서 즐겨 먹던 평양냉면은
한국전쟁을 겪으며 월남민에 의해 국내 곳곳에 퍼지게 되었다.
초기의 평양냉면은 꿩으로 국물을 냈으나 현재는 꿩을 구하기
힘들어 소고기와 사골을 이용하여 육수를 낸다. 사골을 차게 식
힌 후 기름기를 걷어낸 육수에 동치미 국물과 식초, 소금을 넣어
간을 맞춘 후 메밀면을 더한다. 편육, 삶은 달걀, 배 고명을 얹고
취향에 따라 식초나 겨자를 넣어 즐길 수도 있다. 거친 메밀면발
과 삼삼한 육수에서 나오는 특유의 감칠맛이 매력적이다. 초기
에는 마니아층 위주로 인기를 끌었으나 몇 년 전 유명 매스컴 방
영과 남북정상회담을 통해 관심을 받으며 지금은 여름철 대표
음식으로 자리 잡았다.

1. 서울 충무로 '필동면옥'

평양냉면 양대 산맥 중 하나로 손꼽히는 의정부 '평양면옥'의 첫째 딸이
운영하는 '필동면옥'. 집안 대대손손 평양냉면 고유의 담백하고 깊은 맛
을 전파 중이다. 대표 메뉴 '냉면'은 북한 전통 그대로 면발 위로 고춧가
루를 솔솔 뿌려 제공한다. 육수는 맹물처럼 보이는 비주얼과 달리 짙은
육향을 선사하며 반전 매력을 보여준다. 씹을수록 그윽한 곡향이 퍼지
는 면발과 깔끔한 국물이 어우러지며 중독적인 맛을 자아낸다. 겨자와
식초를 넣지 않고 10번 이상 씹고 들이켜며 맛을 음미하다 보면 평양냉
면 특유의 구수한 참맛을 경험할 수 있다.

instagram.com/jiwoneeey

차림표

냉 면	....	만이천원
b_빔	....	만이천원
온 면	....	만이천원
사 리	....	팔천원
접시만두	....	만이천원
만 두 국	....	만이천원
제 육(200g)	....	이만사천원
수 육(200g)	....	이만팔천원

instagram.com/gisung_cho

instagram.com/jiwoneeey

식신 지은 고춧가루를 풀기 전후로 각각 육수를 마셔보면 확실히 풀었을 때 감칠맛이 강해져요. 육향이 진한 편인데도 육수가 어쩜 이렇게 맑은지요! 면은 생각보다 탱탱해서 이로 툭툭 끊어먹기 편한 스타일은 아니었지만, 메밀 함량은 높아 보였습니다! 만두 역시 심심해서 좋았고 간장을 찍으면 간장 맛이 너무 잘 느껴지니 간장은 조금만! 배가 많이 고파서 그랬는지 역대급 속도로 완냉했네요 ㅎㅎ

instagram.com/siwoorism.p

▲ Since: 1985

▲ 위치: 서울 중구 서애로 26

▲ 영업시간: 매일 11:00 - 20:30, 일요일 휴무

▲ 가격: 냉면 12,000원, 제육 24,000원

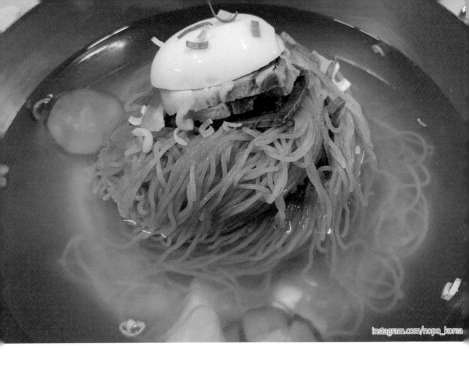

instagram.com/nopo_korea

2. 서울 장충동 '평양면옥'

평양냉면 장충동 파 수장이라 불리는 '평양면옥'. 평양에서 시아버지와
'대동면옥'을 함께 운영했던 며느리가 한국전쟁 때 월남해 가게를 열고
3대째 대를 이어 오고 있다. 대표 메뉴 '냉면'은 단단히 똬리를 튼 면발
위로 제육, 수육, 달걀, 무절임, 오이절임, 파를 얹고 투명한 육수를 넉넉
하게 담아 제공한다. 육수를 약 10시간 이상 끓이고 식히는 과정을 반
복하며 완성한 국물은 섬세하게 뿜어져 나오는 육향이 일품이다. 매장
내에 있는 제분소에서 메밀가루를 직접 빻아 만든 면발은 메밀 함량이
높아 깊은 메밀의 풍미를 온전히 느낄 수 있다.

instagram.com/nopo_korea

instagram.com/nopo_korea

편	옥 (국내산육우)	30,000	냉	면 (국내산육우)	12,000
제	육 (국내산돼지)	28,000	비빔냉면 (국내산육우)		12,000
편 육 반 (국내산육우)		15,000	온	면 (국내산육우)	12,000
제 육 반 (국내산돼지)		14,000	냉면곰배기 (국내산육우)		18,000
편육반/제육반(국내산육우/돼지)		29,000	냉 면 사 리 (메밀 가루외, 중국산)		9,000
불 고 기 (국내산한우)		35,000	만두/비빔만두 (메밀 가루외, 중국산)		8,000
어복쟁반大 (국내산육우)		90,000	만 두 국 (국내산돼지)		12,000
어복쟁반小 (국내산육우)		55,000	접 시 만 두 (국내산돼지)		12,000
쟁반추가고기 (국내산육우)		50,000	추가만두 6개 (국내산돼지) 쟁반에 6,000 따로 7,000		

instagram.com/bbingki

식신 하림어때 평양냉면 애호가로서 자신 있게 추천할 수 있는 곳이에요. 돼지고기, 소고기 고명이 둘 다 올라가는데 면에 싸서 먹으면 그렇게 맛있을 수가 없어요! 만두소가 알차게 들어 있는 손만두도 꼭 같이 드셔 보시길 추천합니다!

instagram.com/bbingki

▲ Since: 1985

▲ 위치: 서울 중구 장충단로 207

▲ 영업시간: 매일 11:00 - 21:30

▲ 가격: 냉면 12,000원, 제육 28,000원

3. 서울 입정동 '을지면옥'

'을지면옥'은 의정부 '평양면옥'의 둘째 딸이 이북에서 먹던 맛을 그대로 재현한다. 상호명 네 글자를 페인트로 터프하게 쓴 입구를 들어서면 식당으로 이어지는 좁은 통로가 과거로 시간 여행을 떠난 것 같은 느낌을 준다. 대표 메뉴 '냉면'은 이북5도청 관계자들도 즐겨 찾을 정도로 고향의 맛을 고스란히 담아냈다. 육향이 은근하게 올라오는 육수는 간이 어느 정도 되어 있어 평양냉면을 처음 접하는 사람도 부담 없이 도전하기 좋다. 은은한 소고기 육향과 메밀면에서 우러나온 곡향이 어우러진 육수 위에 올려진 고춧가루가 뒷맛을 개운하게 마무리해준다.

instagram.com/hoonddomeok

instagram.com/jinhyung_cho

instagram.com/hoonddomeok

식신 마포면먹러 역시나 역시인 평양냉면 최고의 맛집. 육향 나는 육수, 가늘고 후루룩 넘어가는 면발 그리고 독특함을 더해주는 고춧가루까지. 평양냉면 외에도 메뉴가 여럿 있는데 그 중 돼지 편육이 유명한 집이다. 차가운 제육에 '을지면옥'만의 특제 소스를 찍어 먹으면 정말 최고다! 매일 가고 싶은 식당!

instagram.com/jinhyung_cho

▲ Since: 1985

▲ 위치: 서울 중구 충무로14길 2-1

▲ 영업시간: 매일 11:00 - 21:00,
　　　　　　 B/T 15:30 - 17:00, 일요일 휴무

▲ 가격: 냉면 12,000원, 편육 24,000원

4. 서울 염리동 '을밀대 평양냉면'

길목에서 만나는 오래된 간판만으로도 냉면 맛의 깊이를 짐작할 수 있는 '을밀대'. 실향민 출신 초대 개업자가 평양의 유명 관광지인 누정 '을밀대'에서 상호를 착안했다. 대표 메뉴 '물냉면'을 주문하면 살얼음 육수에 메밀사리와 고기 고명을 사뿐히 얹은 냉면이 나온다. 메밀가루와 고구마 전분을 7:3 비율로 섞은 뒤 굵게 뽑아낸 면발은 쫄깃하게 씹는 맛이 살아 있다. 육수의 깊은 맛을 느끼고 싶은 이들에게는 '거냉'을 추천한다. 얼음 없이 육수의 깊은 맛을 즐길 수 있어 평양냉면 마니아들에게 인기를 끄는 주문법이다. 녹두와 고기를 넉넉하게 넣고 겉 테두리를 바삭하게 부쳐 낸 '녹두전'도 인기 메뉴다. 촉촉한 육즙을 느낄 수 있어 냉면과 곁들여 먹기 좋다.

식신 디스코이여사 언제 먹어도 질리지 않는 냉면 맛이에요. 처음엔 삼삼한 것 같은데 먹다 보면 깊은 맛이 느껴지는 국물. 거기에 메밀 향 가득한 면까지 후루룩 먹으면 진짜 중독성이 장난 아니에요! 물냉면에 가려져 있지만, 비빔냉면도 엄청난 꿀맛이랍니다~

▲ Since: 1971

▲ 위치: 서울 마포구 숭문길 24

▲ 영업시간: 매일 11:00 - 22:00

▲ 가격: 물냉면 13,000원, 수육(小) 35,000원

5. 광명 광명동 '정인면옥 평양냉면'

'정인면옥 평양냉면'은 하루에 판매할 양만큼의 메밀가루를 직접 갈아 손반죽을 준비한다. 주문이 들어오면 면을 즉석에서 뽑아 냉면을 만든다. 대표 메뉴 '물냉면'은 쇠고기 사태와 양지머리를 6:4 비율로 끓여 낸 육수를 사용하여 깔끔한 육향을 머금고 있다. 면 타래를 풀기 전 육수 본연의 맛을 음미한 뒤 기호에 따라 식초, 육수, 겨자 등을 넣어 먹으면 된다. 시간이 지날수록 면에서 구수한 메밀 향이 육수에 스며들며 맛과 다른 매력을 느낄 수 있다. 고춧가루, 마늘 등 양념을 최소화해 백김치에 가깝게 만든 곁들임 김치는 냉면의 맛을 헤치지 않고 감칠맛을 한층 살려준다.

식신 마당발지혀니 면을 미리 만들어 놓는 게 아니라 사리 추가하려면 주문할 때 같이 말해야 합니다. 메밀 향이 코끝에 맴돌 정도로 가득 담긴 면발과 맑은 육수의 밸런스가 아주 좋아요~ 원래 국물 잘 안 먹는데 마지막 한 방울까지 완냉했어요.

▲ Since: 1972

▲ 위치: 경기 광명 목감로268번길 27-1

▲ 영업시간: 매일 11:30 - 21:00, 월요일 휴무

▲ 가격: 물냉면 9,000원,
　　　차돌박이 수육(小) 16,000원

nstagram.com/mansfoodclub

함흥냉면

'함흥냉면'은 녹말가루로 만든 국수에 가자미나 홍어 등의 생선
을 이용한 회무침을 고명으로 올려낸 함흥지방의 향토음식이다.
함흥냉면이라는 용어는 함흥 지방에서 실제로 사용되었던 것은
아니며 녹말의 사투리인 '농마 국수'라 불렸다. 생선회를 올려 내
기 때문에 '회냉면'이라고도 불린다. 풍토상 질 좋은 감자를 얻을
수 있던 함흥 지방에서 감자를 이용한 음식을 개발한 것으로 여
겨진다.

함흥냉면은 한국전쟁 이후 월남민에 의해 남쪽 지방에도 전해지
게 되었으며, 감자 대신 고구마 녹말을 이용해 만들기 시작했다.
시간이 흐르면서 회를 올리지 않기도 하고 지역에 따라 홍어, 명
태 등 고명 종류를 바꾸기도 한다. 툭툭 끊기는 면발과 습습한
맛을 자랑하는 평양냉면과 달리 함흥냉면은 쫄깃쫄깃한 식감과
입맛 사로잡는 매콤달콤한 양념장이 중독적인 맛을 자아낸다.

instagram.com/sung_kitche

1. 서울 영등포 '함흥냉면'

함경도 흥남이 고향인 사장님이 운영 중인 함흥냉면 전문점, '함흥냉면'. 냉면사리는 100% 고구마 전분으로 뽑아내는 점이 특징이다. 얇은 면발은 진한 회색빛이 감돌며 두툼하고 탄력이 강하다. 대표 메뉴는 면 위로 매콤달달한 양념과 간자미를 얹어 나오는 '회냉면'. 쫄깃한 면발에 중간중간 씹히는 간자미가 풍성한 식감을 살려준다. 냉면과 함께 나오는 따뜻한 육수는 24시간 우려낸 사골 육수에 마늘, 양념, 각종 채소를 넣고 푹 고아내 빈속을 달래기 좋다. 냉면과 함께 즐겨 찾는 만두는 쩌내는 데 시간이 다소 걸리므로 미리 주문하는 것을 추천한다.

식신 야식로맨틱성공적 회냉면을 주문했
는데 간자미가 생각했던 것보다 정말 많
이 들어 있더라구요! 저는 단맛을 좋아해
서 설탕을 좀 더 넣고 먹었더니 더 맛났어
요! 만두 추가해서 냉면이랑 같이 싸 먹으
면 진짜 맛나요!

▲ Since: 1967

▲ 위치: 서울 영등포구 영등포로42길 6

▲ 영업시간: 매일 11:00 - 22:00

▲ 가격: 회냉면 11,000원, 물냉면 11,000원

instagram.com/j.meal_ar

2. 서울 오장동 '오장동 함흥냉면'

'오장동 함흥냉면'은 오장동 함흥냉면 거리에 있는 파란 간판이 시선을
잡아끈다. 1953년부터 3대에 걸쳐 운영해오는 곳이다. 대표 메뉴는 회
색빛 면 위로 절인 오이, 무생채, 회무침을 올려 낸 '회냉면'. 불그스름한
빛깔이 입맛을 살려주는 회무침은 간자미 날개살을 먹기 좋게 손질한
뒤 소금과 식초에 절인 다음 특제 양념에 숙성시킨 후 제공한다. 특유의
쫀득한 식감이 매력적인 간자미는 속까지 새콤달콤한 양념이 배어 있
어 중독적인 맛을 자랑한다. '회무침'은 단품으로도 주문할 수 있으며
소주 안주로 즐기기에도 안성맞춤이다.

instagram.com/j.meal_am

instagram.com/nttl11

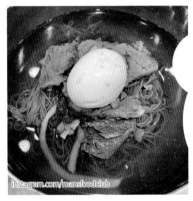

instagram.com/mansfoodclub

식신 po알록달록wer 여름에 입맛 없을 때 가기 딱 좋은 냉면집. 면, 회무침, 양념장 회냉면의 핵심요소인 세 가지가 하나하나 다 완벽해요. 면도 탱글하게 잘 삶아져 있고 여기에 간자미 한 점 올리면 계속 들어가는 맛이에요. 항상 소식해야지 해도 과식하고 나오게 되는 마성의 집입니다.

instagram.com/mansfoodclub

▲ Since: 1953

▲ 위치: 서울 중구 마른내로 108

▲ 영업시간: 매일 11:00 - 20:00, 화요일 휴무

▲ 가격: 회냉면 12,000원, 물냉면 12,000원

instagram.com/qpx

3. 서울 오장동 '오장동 흥남집 본점"

함경남도 함흥 출신 노용언 할머니가 문을 연 '오장동 흥남집 본점'. 며느리가 가게를 물려받은 뒤 그녀의 아들과 손자까지 4대째 가업을 이어가고 있다. 대표 메뉴 '회 비빔냉면'은 면 밑에 갈색을 띠는 간장 육수가 자작하게 부어져서 제공된다. 고구마 전분으로 반죽해 쫀쫀한 면발을 간장 육수가 잘 풀리게 도와주는 동시에 은근한 감칠맛을 더해준다. 개인 입맛에 맞게 간을 맞출 수 있도록 간이 살짝 삼삼한 점이 특징이다. 면 위에 설탕을 뿌린 뒤 식초와 겨자, 참기름을 빙 두른 뒤 휘휘 저어 먹으면 된다. 입을 감싸는 매콤달콤한 양념과 꼬들꼬들하게 씹히는 간자미의 조합이 일품이다.

식신 딕펑스너무조아 냉면이 맛있어 봤자 얼마나 맛있겠어라고 했는데 정말 신세계를 맛봤습니다. 면발에 잘 숙성된 회 하나씩 척척 올려 먹으면 최고! 양념도 자극적이지 않아 먹고 나서도 속이 편안하고 참기름이 진짜 맛을 확 살려주니까 선택이 아닌 필수로 넣어보세요!

▲ Since: 1953
▲ 위치: 서울 중구 마른내로 114
▲ 영업시간: 매일 11:00 - 20:00, 수요일 휴무
▲ 가격: 회 비빔냉면 12,000원,
　　　　물냉면 12,000원

stagram.com/pang_jjjini

꿈엔들 잊힐리야! 시원하고 짜릿한 고향의 맛 3

막국수

'막국수'는 메밀을 주로 재배했던 강원도 지역에서 즐겨 먹던 향토음식이다. 막국수에 대한 유래로는, 과거에는 메밀의 껍질을 분리하지 않고 맷돌에 갈아 국수를 내려먹었는데, 아무렇게 '막' 갈아 국수를 내렸다 하여 막국수라는 이름이 붙었다는 설, 주문 즉시 막(바로) 만들어서 먹는 국수라서 붙었다는 설 등 다양하게 전해지고 있다. 막국수의 주재료인 메밀은 체내의 열을 내려주고 소화를 돕는 효능이 있어 무더운 여름철에 많은 사랑을 받고 있다.

막국수는 크게, 새콤한 동치미 국물이나 차갑게 식힌 고기 육수에 면을 말아먹는 '물 막국수'와 거뭇한 메밀국수를 붉은 양념장에 비벼 즐기는 '비빔 막국수'로 나뉜다. 깔끔하면서도 개운한 국물 맛이 일품인 물 막국수와 중독적인 매콤달콤한 맛을 자랑하는 비빔 막국수는 각기 다른 매력을 선사하며 사라져 가던 입맛도 살려준다.

instagram.com/baby_soluzzar

1. 서울 방화동 '고성막국수'

1996년부터 지금까지 오랜 전통을 이어 오고 있는 영동식 막국수 전
문점 '고성막국수'. 주문과 동시에 손 반죽을 시작해 면을 뽑아 막국수
를 만든다. 대표 메뉴 '동치미 막국수'는 첨가물 없이 순 메밀 100%로
선보이는 면발과 살얼음이 동동 떠워져 있는 동치미 육수가 함께 나온
다. 메밀껍질이 붙어 있어 거뭇거뭇한 자태를 뿜내는 면발은 툭툭 끊기
는 식감과 씹을수록 입안 가득 퍼지는 구수한 풍미가 일품이다. 자칫 쌉
쌀하게 느껴질 수 있는 순 메밀면발을 동치미 육수의 단맛이 잡아주며
조화롭게 어울린다. 오랜 시간 삶아 야들야들한 식감을 뿜내는 '편육'도
인기다. 밑반찬으로 제공되는 회무침, 백김치를 곁들여 삼합 스타일로
즐기면 된다.

instagram.com/apsckfrhksflgkwk

instagram.com/baby_soluzzang

instagram.com/mariakangdong

식신 집밥박선생 아무런 첨가물 없이 메밀만 이용해서 그런지 메밀 향이 정말 진해서 먹을 때마다 탁탁 치고 올라오더라구요. ㅎㅎ 대신 직접 면을 만들기 때문에 약간 여유를 가지고 주문하는 게 좋다는 점! 시원한 동치미 막국수의 정석인 느낌입니다. ㅎㅎ

instagram.com/baby_soluzzang

▲ Since: 1996
▲ 위치: 서울 강서구 방화대로49길 6-7
▲ 영업시간: 매일 11:30 - 20:00,
　　　　　　B/T 15:30 - 16:40, 일요일 휴무
▲ 가격: 동치미 막국수 9,000원,
　　　　비빔 막국수 10,000원

instagram.com/hi_seolynn

2. 용인 고기동 '고기리막국수'

고기리 계곡 깊숙한 곳에 위치한 '고기리막국수'는 한옥 형태의 매장과 주변 경치가 어우러지며 고즈넉한 분위기를 자아낸다. 홍천 '장원막국수'에서 기술을 전수받은 사장님이 자신만의 색을 더해 개성 넘치는 막국수를 선보인다. 직접 뽑은 메밀면을 들기름, 발효 간장과 함께 버무린 뒤 깻가루와 김가루를 넉넉하게 얹어 낸 '막국수'가 대표 메뉴. 면발은 순 메밀만 이용하여 만들지만 30인분씩 소량 제분하여 탄력적이면서도 찰기 있는 식감을 살렸다. 들기름 막국수가 절반 정도 남았을 때 차가운 육수를 넣어 물 막국수처럼 즐기는 방법도 별미다.

instagram.com/olivia_kim_78

instagram.com/papa_diary_

instagram.com/papa_diary_

식신 **힙통령** 최근에 확장 이전을 해서 매장이 더 깔끔해졌어요. ㅎㅎ 들기름 메밀면은 처음 먹어 봤는데 진짜 재료가 간단한데 맛이 엄청 복합적이에요. ㅎㅎ 메밀 향도 아주 팍팍 나고 들기름 향도 계속 맴돌아서 집에 와서도 계속 생각나는 맛이에요. ㅎㅎ

instagram.com/olivia_kim_78

▲ Since: 2012
▲ 위치: 경기 용인 수지구 이종무로 157
▲ 영업시간: 매일 11:00 - 21:00, 화요일 휴무
▲ 가격: 막국수 8,000원, 수육(소) 13,000원

instagram.com/from_wing

3. 여주 천서리 '홍원막국수'

여주 천서리 막국수 골목에서 3대에 걸쳐 가업을 이어 오고 있는 '홍원 막국수'. 매장 바로 앞에 별관을 따로 운영할 정도로 식사 시간 상관없이 많은 인기를 끌고 있다. 대표 메뉴 '비빔국수'는 단단하게 똬리를 튼 메밀면 위로 양념장, 오이, 달걀, 김가루를 차곡차곡 쌓아 제공한다. 메밀가루와 고구마 전분을 8:2 비율로 섞은 반죽으로 뽑은 면발은 부드러우면서도 쫄깃한 식감을 동시에 느낄 수 있다. 매콤달콤한 양념장과 구수한 메밀면의 조합이 돋보이는 막국수는 반 정도 먹은 뒤 시원한 육수를 자작하게 부어 먹는 방법도 인기다. 24시간 이상 끓인 사골에 다시마, 무로 깊은 맛을 살린 육수가 막국수의 감칠맛을 한껏 살려준다.

instagram.com/tiger_yongcrew

비빔국수	8,000
물국수	8,000
온면(동절기)	8,000
곱배기	9,000
사리	3,000
아기사리	3,000

백세주	8,000	삿갓주	3,000
청하	5,000	소주	4,000
		음료	2,000

instagram.com/jongwon.lee.395

instagram.com/tiger_yongcrew

식신 설레임 여주 막국수 맛집 중에서도 워낙 유명해서 그런지 평일 낮에도 사람이 정말 많더라구요. 그래도 회전 속도가 빨라서 오래 기다리지 않고 먹을 수 있어요. 비빔 막국수에 편육 같이 시켜서 싸서 먹는 조합도 추천해요. ㅎㅎ 꿀맛!

instagram.com/jongwon.lee.395

▲ Since: 1982년 개업, 85년 천서리로 이전
▲ 위치: 경기 여주 대신면 천서리길 12
▲ 영업시간: 매일 10:30 - 20:00,
　　　　　　셋째 주 월요일 휴무
▲ 가격: 비빔국수 8,000원, 편육 16,000원

4. 춘천 유포리 '유포리막국수'

'유포리막국수'는 유포리 낚시터 인근 한적한 시골에 위치하고 있다. 과거 휴가를 나온 군인들에 의해 입소문이 나서 현재는 전국 각지에서 찾아오는 손님들로 북적인다. 대표 메뉴는 굵직한 면발 위로 양념장, 김가루, 깻가루를 먹음직스럽게 올려 낸 '막국수'. 메밀가루 80%에 밀가루와 전분을 섞어 1.5mm 굵기로 뽑은 면발은 입안 가득 차는 풍성한 식감과 진한 메밀 풍미를 선사한다. 막국수는 입맛에 따라 설탕, 겨자, 식초 등을 넣어 매콤달콤하게 즐기는 비빔 막국수와, 함께 나오는 동치미 육수를 자박하게 부어 물 막국수 스타일을 각각 선택하여 즐길 수 있다.

instagram.com/leftalve_han

instagram.com/bakisoo91

instagram.com/lovekeuny

식신 카페인모임 춘천 여행 갔을 때 택시 기사 아저씨가 추천해주셔서 갔는데 정말 성공적이었어요! 양 적은 사람이 가면 기본으로 두 명이서 나눠 먹어도 될 만큼 양이 아주 많아요! 면을 먹을 때마다 메밀 향이 탁탁 치고 올라와서 식사 내내 기분이 좋았어요.

instagram.com/lovekeuny

▲ Since: 1966

▲ 위치: 강원 춘천 신북읍 맥국2길 123

▲ 영업시간: 매일 11:00 - 19:30

▲ 가격: 막국수 7,500원, 녹두부침 8,000원

instagram.com/choidoodo

5. 서울 답십리 '성천막국수'

평안남도 성천군의 이북 출신 1대 조규현, 맹복례 부부가 1966년에 첫
문을 연 '성천막국수'. 1981년 2대 둘째 아들 부부가 어머니의 손맛을
전수받아 정성이 담긴 맛을 똑같이 고수해오고 있다. 2017년엔 막내아
들이 본점을 함께 운영하고 2019년 큰아들이 논현점을 개업하며 집안
대대로 전통 가업을 이어 오고 있다. 대표 메뉴는 투명한 동치미 육수에
아무런 고명 없이 메밀면만 담겨 나오는 '물 막국수'와 참기름과 양념장
으로 맛을 낸 '비빔 막국수'. 직접 담근 동치미 육수로 맛을 낸 물 막국
수는 깔끔하게 떨어지는 맛이 일품이다. 합리적인 가격으로 1인 고객도
부담 없이 막국수와 제육을 한번에 맛볼 수 있는 '비빔 막국수 정식' 메
뉴도 인기다.

식신 **힐링치킨2** 물 막국수는 동치미 국물과 메밀면 본연의 맛이 잘 느껴지는 게 포인트인 것 같아요. 비빔 막국수도 고소한 참기름이랑 매콤달콤한 양념장이 면이랑 잘 어울리더라구요.

▲ Since: 1966

▲ 위치: 서울 동대문구 답십리로48나길 2

▲ 영업시간: 매일 11:30 - 21:00, 일요일 휴무

▲ 가격: 물 막국수 6,500원,
　　　　 비빔 막국수 7,000원

후루룩!
뜨끈하게 한 그릇 더! 4

칼국수

밀가루 반죽을 칼로 가늘게 썰어서 면을 사용한다 하여 이름이
붙은 '칼국수'. 감칠맛 가득한 국물에 쫄깃한 면발이 어우러진
칼국수는 남녀노소 즐기는 한국의 대표적인 서민음식이다. 뜨끈
한 국물 덕에 겨울철에 즐겨 먹지만 밀이 귀했던 과거에는 밀 수
확 시기인 음력 6월에나 먹을 수 있었던 고급 음식이었다. 이후
한국전쟁 당시, 미국에서 밀가루가 구호 식량으로 국내에 대량
으로 들어오며 밀가루로 만든 칼국수가 대중적인 식재료로 변화
했다.

칼국수는 각각의 지역마다 자연환경, 특산물 등의 요소가 녹아
들며 특색 있는 맛을 만나볼 수 있다. 들어가는 재료와 조리 방
법, 육수 등에 따라 닭 칼국수, 해산물 칼국수, 얼큰 칼국수, 옹
심이 칼국수, 장 칼국수, 누른 국수, 고기국수, 보말 칼국수, 팥
칼국수, 어탕국수, 들깨 칼국수, 재첩국수 등 각양각색의 맛으로
탄생하며 골라 먹는 재미를 더한다.

1. 고양 정발산동 '일산칼국수 본점'

'일산칼국수 본점'은 인근 지역에서도 손님들이 찾아올 만큼 소문난 곳
이다. 포장된 음식이 카운터 옆으로 길게 늘어선 모습만 봐도 대략적인
인기를 가늠할 수 있다. 대표 메뉴는 뽀얗게 우러난 닭 육수 위로 대파
와 가늘게 찢은 닭고기가 푸짐하게 올라간 '닭 칼국수'. 닭고기로 오랜
시간 우려낸 육수에 바지락을 넣어 시원한 감칠맛을 더했다. 걸쭉하게
목을 타고 넘어가는 육수는 마치 든든한 보양식 한 그릇을 먹는 듯한 느
낌을 준다. 닭 칼국수는 처음에 구수한 맛을 즐기다 매콤한 양념장, 후
추 등을 국물에 풀어먹는 매콤한 변주를 즐겨도 좋다.

instagram.com/sun_luvme

instagram.com/eternal9275

instagram.com/fo_od_s2

식신 **곰곰말말** 주차장도 넓게 있어서 차 가지고 가기에도 좋아요. 손님이 정말 많은데 테이블 회전율이 생각보다 빨라서 금방 들어갈 수 있답니다. 칼국수는 진짜 닭고기의 고소한 맛이 정말 농축되어 들어간 맛이에요. 면 반 건져 먹고 공깃밥까지 말아먹는 것도 놓칠 수 없어요!

instagram.com/sun_luvme

▲ Since: 1982
▲ 위치: 경기 고양 일산동구 경의로 467
▲ 영업시간: 평일 10:00 - 19:40,
　　　　　　주말 10:00 - 19:20
▲ 가격: 닭 칼국수 8,000원, 냉 콩국수 8,000원

instagram.com/chulja

2. 대전 삼성동 '오씨칼국수'

관광객들의 여행 필수 코스로 불릴 만큼 대전 명소로 자리 잡은 '오씨 칼국수'. 서해안에서 공수한 생물 동죽을 이용하여 칼국수, 조개탕 등의 요리를 선보인다. 대표 메뉴 '손칼국수'는 무, 멸치, 다시마 등 약 10가지의 재료를 12시간 이상 우려낸 육수에 동죽과 청양고추를 넣어 시원하면서도 칼칼한 국물 맛을 완성했다. 2~3시간가량 숙성시킨 밀가루 반죽을 홍두깨로 밀어가며 뽑아낸 면발은 굵기가 각각 달라 씹는 맛이 살아 있다. 두툼한 면발과 탱글탱글한 조갯살을 한입에 넣으면 입안 가득 꽉 차는 풍성한 식감을 느낄 수 있다. 테이블에 놓인 김치는 매운맛이 강해 조금씩 먹어보며 곁들이는 것을 추천한다.

식신 뀨롱혜지 동죽이 들어가서 그런지 국물이 정말 시원하다. 위에 올라간 쑥갓도 시간이 지날수록 국물에 은은하게 향이 퍼져 풍미가 살아나는 느낌! 경고문만큼 김치가 정말 매우니 매운 걸 잘 못 먹는다면 주의하시길...

▲ Since: 1999

▲ 위치: 대전 동구 옛신탄진로 13

▲ 영업시간: 매일 11:00 - 21:00, 월요일 휴무

▲ 가격: 손칼국수 6,000원, 물총 12,000원

instagram.com/81chris

3. 강릉 교동 '형제칼국수'

1985년부터 지금까지 동네 주민들에게 꾸준한 사랑을 받아오고 있는 '형제칼국수'. 세월의 흔적을 보여주듯 예스러운 느낌이 물씬 풍기는 매장 내외부는 정겨운 분위기를 자아낸다. 대표 메뉴 '장칼국수'는 불그스름한 자태를 뽐내는 국물 위로 김가루, 호박, 깨소금을 소복하게 올려 제공한다. 찰고추장, 된장, 증기에 쪄낸 고춧가루를 섞어 만든 양념장을 이용해 텁텁하지 않고 부드럽게 퍼지는 매콤한 맛을 살렸다. 반죽에 콩가루를 넣어 구수한 풍미를 더한 면발과 혀를 진득하게 감싸는 국물의 조화가 일품이다. 칼국수는 하얀 칼국수부터 아주 매운 맛까지 총 다섯 가지 단계로 맵기 조절을 할 수 있다.

강릉 형제 칼국수

① 아주매운맛 7,000
② 기본매운맛 7,000
③ 더얼매운맛 7,000
④ 장 끼 맛 7,000
⑤ 하얀칼국수 7,000
(공 기 밥 1,000)

식신 123 동원래 현지인 맛집이었는데 방송에 나오고 나서 멀리서 찾아오시는 분들도 많더라구요. 일반 칼국수보다 면이 넓적하고 얇아서 먹었을 때 호로록 넘어가요. 장을 풀어 만들었지만 국물이 깔끔한 편이에요. 약간 양이 모자라면 남은 국물에 공깃밥을 말아먹으면 완전 배불러요.

▲ Since: 1985
▲ 위치: 강원 강릉 강릉대로204번길 2
▲ 영업시간: 매일 10:00 - 18:50
▲ 가격: 장칼국수 7,000원

instagram.com/churbu

4. 서울 명동 '명동교자 본점'

'명동교자 본점'의 역사는 1966년 서울 중구 수하동에서 한옥을 개조하여 칼국수를 판매하던 '장수장'에서 시작한다. 이후 명동으로 터를 옮겨 '명동칼국수'로 상호를 변경하여 사용하다 유사 업체가 많이 생기자 1978년 '명동교자'로 상호를 최종 확정지었다. 대표 메뉴는 국물 위로 변시만두 네 알과 소고기 고명을 올려 나오는 '칼국수'. 면을 직접 육수에 넣고 삶는 제물국수 조리법을 통해 면발의 부드러운 식감과 개운한 국물 맛을 강조했다. 마늘과 고춧가루가 듬뿍 들어가 혀가 얼얼할 정도로 매운 겉절이도 별미다. 진득한 닭 육수에 매콤한 감칠맛을 더하며 조화롭게 어울린다.

instagram.com/corrr_corrr

instagram.com/churbuzi

instagram.com/jhjang138

식신 최해지 인생 맛집이다. 마늘 김치는 난 너무 맛있고 좋다. 만두가 정말 육즙에 따끈따끈하고 만두피도 얇고 고기로 꽉 찬 느낌이다. 칼국수는 국물도 고기와 간장양념이 잘 되어 있고 고기도 가득하다. 면은 야들야들 부드러워서 훅훅 넘어간다. 진짜 옛날에 잘 먹던 시절엔 면사리 추가해서 거의 두 그릇을 먹었다.

instagram.com/jhjang138

▲ Since: 1966

▲ 위치: 서울 중구 명동10길 29

▲ 영업시간: 매일 10:30 - 21:00

▲ 가격: 칼국수 9,000원, 만두 10,000원

instagram.com/cmmm

5. 제주 서귀포 '옥돔식당'

제주에서 나는 음식재료로 제주 향토음식을 선보이는 '옥돔식당'. 제주 방언으로 해초만 먹고 자란 바다 고동을 지칭하는 보말로 맛을 낸 칼국수를 만나볼 수 있다. 대표 메뉴는 짙은 초록빛을 띠는 국물이 시선을 끄는 '보말 칼국수'. 미역과 보말을 오랜 시간 끓여 만든 걸쭉한 국물은 짙은 바다 내음이 담겨 있다. 길쭉하게 썰어 고명으로 올린 유부는 고소한 풍미를 더하며 은근한 감칠맛을 살려준다. 손칼국수 특유의 투박한 멋이 담긴 면발은 도톰한 두께 덕에 씹는 재미가 있다. 밑반찬으로 나오는 아삭한 콩나물을 칼국수에 넣어 풍성한 식감을 즐기는 방법도 인기다. 보말 칼국수는 2인분 이상부터 주문할 수 있다.

식신 술친구 식당 이름에 옥돔이 들어가지만 보말 칼국수만 팔아요~ 주문과 동시에 면을 만들어 그런지 음식 나오는 데 한 20분 정도 걸리더라구요. 제주 여행 중 먹었던 보말 칼국수 중 국물이 가장 진해서 맛있었고 처음엔 그냥 먹다가 다진 고추 넣어서 얼큰하게 두 가지 버전으로 즐길 수 있어요!

▲ Since: 1999

▲ 위치: 제주 서귀포 대정읍 신영로36번길 62

▲ 영업시간: 매일 11:00 - 16:00, 재료 소진 시
　　　　　 조기 마감

▲ 가격: 보말전복 손칼국수 10,000원

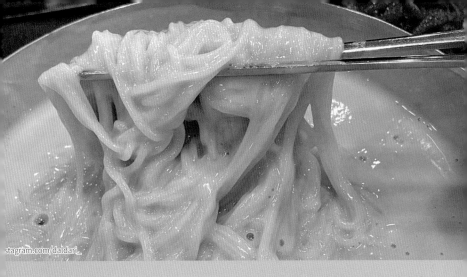

stagram.com/daldari_

5

‘콩국수’ 열전…
‘걸쭉파’ VS ‘맑은파’

콩국수

물에 불린 콩을 갈아 만든 뽀얀 콩국에 국수를 삶아 곁들여 먹는
‘콩국수’. 콩국수는 저지방 고단백질 음식으로 땀을 많이 흘리는
여름철에 즐겨 먹는 별미다. 콩국수의 유래는 정확하게 알려지
지 않았으나 1800년대 말 나온 『시의전서』에 콩국수와 깨국수가
언급된 것으로 보아 오랜 역사를 지닌 음식이라는 것을 알 수 있
다. 콩국수의 메인 재료 ‘콩’에는 식물성 섬유소와 단백질이 풍부
하여 항암효과, 피부 노화 예방, 콜레스테롤을 낮추는 등 다양한
효능을 가지고 있어 보양식품으로도 제격이다.

과거에는 맑은 국물의 콩국수를 선호하였지만, 요즘에는 고소함
을 배로 느낄 수 있는 진하고 걸쭉한 콩국수도 인기를 끌고 있다.
구수한 국물이 일품인 콩국수는 달걀, 오이, 토마토, 깨 등의 고
명을 올리고 설탕이나 소금을 곁들여 먹는다. 최근에는 백태와
소면 대신 완두콩, 흑임자, 메밀면 등 다양한 재료로 이색적인 콩
국수 메뉴가 등장하며 골라 먹는 재미를 더한다.

1. 서울 여의도 '진주집'

콩국수 하나로 여의도 일대를 사로잡은 '진주집'. 여의도 백화점 지하에
위치해 인근 직장인들 점심식사 장소로 많은 인기를 끌고 있다. 대표 메
뉴는 100% 국내산 콩으로만 국물을 만들어 깊은 풍미를 자랑하는 '냉
콩국수'. 어떤 고명도 올라가지 않아 콩국물 맛에 오롯이 집중할 수 있
다. 진한 콩국물에 소금 간을 알맞게 하여 콩 특유의 비릿함을 없애고
고소한 풍미를 한층 살렸다. 쌀쌀해지는 초겨울부터는 뜨끈한 국물에
부추무침, 닭고기, 만두를 고명으로 풍성하게 올린 '닭 칼국수'도 즐겨
찾는다. 반찬으로 제공되는 달큰한 보쌈김치와 곁들여 먹으면 감칠맛이
한껏 살아난다. 여유로운 식사를 즐기고 싶다면 평일 점심 시간대를 피
해 방문하는 것이 좋다.

식신 자유롭고싶은태경 매번 혼자서 콩국수만 먹었는데 너무 맛있어서 오늘은 친구도 불러서 접시만두까지 먹었는데 정말 맛있네요! 거기다가 김치도 너무 콩국수랑 잘 맞아서 항상 싹 비우고 오네요^^ 정말 강추합니다~

▲ Since: 1974

▲ 위치: 서울 영등포구 국제금융로6길 33

▲ 영업시간: 평일 10:00 - 20:00,
　　　　　　토요일 10:00 - 19:00, 일요일 휴무

▲ 가격: 냉 콩국수 12,000원,
　　　　닭 칼국수 10,000원

instagram.com/buchaepy

2. 서울 주교동 '강산옥'

'강산옥'은 청계천 길가에서 오랜 시간 자리를 지켜오고 있다. 하얀 바탕에 붉은색으로 콩비지 글씨가 적힌 간판을 따라 올라서면 옛 정취 가득한 공간이 나타난다. 대표 메뉴는 살짝 노란 끼가 도는 콩물 위로 가느다랗게 채를 썬 오이를 소복하게 올려 나오는 '콩국수'. 짙은 농도를 자랑하는 콩국물이 혀를 진득하게 감싸며 목을 타고 넘어간다. 일반 소면보다 조금 두꺼운 중면을 사용하여 쫄깃한 식감을 살린 면발과 아삭하게 씹히는 오이의 조합도 훌륭하다. 콩국수는 5월에서 10월 사이 기간 한정으로 맛볼 수 있다. 상시 판매하는 '콩비지백반'은 콩비지, 공깃밥, 물김치, 간장 양념, 무생채의 구성으로 든든하게 한 끼를 해결하기 좋다.

식신 **지아히메** 주르륵이 아니라 뚝뚝 떨어질 정도로 콩국물이 정말 진해요. 고소한 콩국물이랑 탱탱한 면발은 집에 와서도 생각나는 맛입니다. 콩국수나 백반이나 재료가 떨어지면 조기 마감하는 경우가 많아 가기 전에 전화 확인은 필수예요. ㅎㅎ

▲ Since: 1958
▲ 위치: 서울 중구 청계천로 196-1
▲ 영업시간: 매일 11:30 - 14:00, 일요일 휴무,
　　　　　재료 소진 시 조기 마감
▲ 가격: 콩국수 11,000원, 콩비지백반 8,000원

instagram.com/park_ggo

3. 서울 서소문동 '진주회관'

한여름이면 콩국수가 4,000그릇 넘게 팔릴 정도로 문전성시를 이루는 '진주회관'. 삼성 이건희 회장, 이재용 부회장 등 유명인사들의 단골집으로도 잘 알려진 곳이다. 대표 메뉴 '콩국수'는 강원도 18개 농가와 계약을 맺고 재배한 국내산 토종 황태콩을 사용하여 건강한 맛을 담아낸다. 콩국수 본연의 맛을 해치지 않기 위해 국수 위에는 아무것도 올리지 않는다. 엄선한 황태콩과 땅콩, 잣 등을 넣고 곱게 갈아 뽀얀 크림색을 띠는 콩국물은 중독성 있는 고소한 맛을 자랑한다. 콩국수는 일정한 맛을 유지하기 위해 3월부터 11월까지만 판매한다.

식신 호핏호핏햇 국물이 꾸덕하다 싶을 정도로 진국이에요. 김치도 맛있지만 콩국물 맛을 그대로 즐기고 싶어 아무것도 안 올리고 한 그릇 먹는데 질리지 않고 술술 넘어가요. 콩국수 외에도 옛날 스타일 그대로 만드는 김치볶음밥, 섞어찌개 등 식사류도 맛있어 친구들이랑 가면 여러 가지 시켜 나눠 먹기 딱 좋아요.

▲ Since: 1962
▲ 위치: 서울 중구 세종대로11길 26
▲ 영업시간: 평일 11:00 - 21:00,
　　　　　　 주말 11:00 - 20:00
▲ 가격: 콩국수 13,000원, 섞어찌개 9,000원

3

골목을
지켜주는
오랜

터줏대감

stagram.com/soctanzoo

육수에 소고기나 돼지고기 등의 육류를 덩어리째 넣어 푹 삶은 뒤 한입 크기로 썰어 먹는 '보쌈'. 보쌈이라는 명칭은 원래 절인 배추로 속을 감싸서 만드는 김치를 뜻하는 단어였다. 김치에 들어가는 육수를 내기 위해 삶았던 고기를 김치와 함께 먹기 시작했는데 어느 순간부터 고기를 보쌈, 김치를 보쌈김치라 각각 이름을 붙여 지금까지 사용해오고 있다.

보쌈용 고기로는 기름기와 살코기가 적당한 비율을 이루는 돼지고기가 가장 많이 사용된다. 돼지고기는 지방이 적어 씹는 맛이 살아 있는 목살, 짙은 고소함이 느껴지는 삼겹살, 적당한 탄력감을 지닌 항정살, 야들야들하게 녹아내리는 식감이 일품인 앞다릿살 등 부위마다 다채로운 맛과 식감을 느낄 수 있다. 따끈하게 잘 삶아진 보쌈은 김치, 젓갈, 쌈채소 등 다양한 곁들임 음식과 함께 한층 풍성하게 즐기기 좋다.

1. 서울 금호동 '은성보쌈'

마장동에서 오랜 시간 거래를 유지해 온 곳에서 국내산 생고기만 떼와 사용하는 '은성보쌈'. 매일 아침 직접 담그는 김치와 국내산 1등급 이상의 고기를 갓 삶아 낸 보쌈을 함께 만나볼 수 있다. 보쌈은 지방과 살코기가 적절한 조화를 이루며 고소한 맛을 자랑하는 '삼겹보쌈'부터 앞다릿살을 이용하여 담백한 맛을 살린 '은성보쌈', 두 가지 부위를 동시에 맛볼 수 있는 '섞어보쌈'까지 종류별로 준비되어 있어 취향에 맞게 즐기면 된다. 보쌈김치는 밤, 호두, 잣 등의 견과류와 생오징어를 버무린 김칫소 양념으로 속을 채워 시원한 맛과 씹는 식감을 동시에 살렸다

식신 꼬매꼬밍 금남시장 안에서 엄청난 인기를 자랑하는 보쌈집! 개인적으로 비계를 안 좋아하는데 살코기만 있는 보쌈을 골라 먹을 수 있어 좋았어요. 겨울에는 굴 추가해서 굴보쌈으로 먹는데 굴 알이 굵고 신선해서 맛나요. ㅎㅎ

▲ Since: 정보 확인 불가

▲ 위치: 서울 성동구 독서당로 297-6

▲ 영업시간: 매일 12:00 - 22:00

▲ 가격: 은성보쌈(中) 37,000원,
　　생굴 10,000원

2. 서울 방산동 '장수보쌈'

프랜차이즈 '원할머니 보쌈'의 창립 멤버였던 사장님이 운영하는 '장수보쌈'. 10평 남짓의 아담한 규모로 이루어진 매장은 46년 세월의 흔적이 고스란히 녹아 있다. 보쌈과 쌀밥, 보쌈김치, 국, 약 3종의 밑반찬, 양념장이 함께 차려지는 '보쌈백반'이 대표 메뉴다. 보쌈은 기본으로 살코기와 지방이 7:3 비율을 이루는 부위로 제공되나 주문 시 선호하는 부위를 말하면 입맛에 맞게 썰어준다. 새빨간 색감이 식욕을 당기는 김치는 은은하게 풍기는 굴 향이 풍미를 한층 살려준다. 김치에 보쌈을 돌돌 말아 쌀밥에 올린 뒤 생마늘과 고추를 얹어 먹는 조합도 인기를 끌고 있다. 달짝지근하게 씹히는 김치 뒤로 퍼지는 고기의 고소함이 일품이다.

식신 복싱녀 보쌈백반 먹고 왔습니다^^ 보쌈김치 속에 굴도 들어 있는 게, 적당히 칼칼한 맛이 돌면서 맛있더라고요~ 고기도 적당한 비계가 어우러져 퍽퍽하지 않으면서 부드럽고 아주 좋았습니다.

▲ Since: 1975
▲ 위치: 서울 중구 동호로 378
▲ 영업시간: 요즘은 매일 11:30 - 21:00,
　　　　　　 일요일 휴무, 원래는 평일 11:30 -
　　　　　　 20:00, 토요일 10:00 - 18:30,
　　　　　　 B/T 14:00 - 16:00, 일요일 휴무
▲ 가격: 보쌈백반 12,000원, 보쌈 22,000원

instagram.com/mukkss

3. 서울 공덕동 '영광보쌈'

'영광보쌈'은 돼지고기는 물론 배추, 쌀, 고춧가루 등 음식에 들어가는 대부분의 식재료를 국내산으로 사용한다. 다른 메뉴 없이 보쌈 두 글자만 큼직하게 적혀 있는 메뉴판에서 음식에 대한 자부심을 엿볼 수 있다. 대표 메뉴 '보쌈'을 주문하면 야들야들한 살코기에 탱글한 지방이 적절하게 붙어 있는 고기를 두툼하게 썰어 접시에 담아낸다. 윤기가 반지르르하게 도는 보쌈은 달큼한 보쌈김치, 참기름 향이 솔솔 나는 부추무침, 짭조름한 감칠맛이 살아 있는 새우젓 등 다양한 밑반찬과 조합해 먹는 재미가 쏠쏠하다. 겨울 한정으로 판매하는 '생굴'을 곁들여 짙은 바다 내음을 더해도 좋다.

식신 퍼플맨 괜찮은 가격으로 퀄리티 높은
보쌈을 먹을 수 있는 곳이다. 고기도 냄새
하나 나지 않고 너무 맛있어서 술을 술술
부르는 맛! 같이 시킨 굴도 씨알이 굵어 씹
는 맛도 살아 있고 보쌈이랑 아주 잘 어울
렸다.

▲ Since: 정보 확인 불가
▲ 위치: 서울 마포구 만리재로1길 14
▲ 영업시간: 매일 11:30 - 21:30,
　　B/T 14:00- 17:00, 일요일 휴무
▲ 가격: 보쌈 24,000원, 생굴 12,000원

4. 서울 오장동 '고향집'

오장동 함흥냉면거리 인근 허름한 골목길을 지나 들어서면 반전 매력
이 펼쳐지는 '고향집'. 알록달록한 꽃으로 채워진 미니 화단과 가정집
을 개조한 매장이 시골집에 온 듯 푸근한 분위기를 자아낸다. 대표 메뉴
'보쌈'은 촉촉하게 수분을 머금고 있는 살코기와 적당한 탄력을 지닌 비
계의 조화가 돋보인다. 아삭한 무생채를 곁들인 보쌈을 콩가루에 찍어
먹으면 한층 짙은 고소함을 느낄 수 있다. 멸치, 다시마, 새우, 월계수 잎,
어성초 등의 재료로 깊은 육수 맛을 낸 '손칼국수'도 즐겨 찾는다. 나이
가 지긋한 주인장이 밀대로 손수 반죽한 면발의 두께가 미묘하게 달라
씹는 재미가 있다.

식신 탈모걱정 가게 이름처럼 진짜 고향에 온 것 같은 느낌이에요. 안에도 집에서 쓰던 물건이 그대로 있어 편안~ 보쌈은 콩가루에 찍어 먹는 게 신기했는데 생각보다 이 조합이 너무 맛있어서 계속 먹게 되는 중독적인 맛! 식사로 칼국수도 시켰는데 같이 나온 김치랑 같이 먹으면 꿀맛!

▲ Since: 1988
▲ 위치: 서울 중구 마른내로 103
▲ 영업시간: 평일 11:00 -15:00, 주말 휴무
▲ 가격: 보쌈(중) 22,000원, 손칼국수 8,000원

istagram.com/daljoo

산악인을 사로잡은
마성의 매력

2

닭한마리

커다란 냄비에 닭, 대파, 감자, 떡을 넣고 육수와 함께 끓여 먹는
'닭한마리'. 과거, 닭 칼국수를 판매하던 식당에서 안주를 찾는
저녁 손님들에게 칼국수 대신 닭을 메인으로 판매하던 것에서
유래했다고 본다. 산악인들의 애환을 담은 영화인 '히말라야'에
서 엄홍길 씨의 실제 단골 매장에서 식사하는 장면이 등장하면
서 닭한마리는 유명세를 타기 시작했다.

닭발, 닭고기, 채소 등을 오랜 시간 우려낸 육수는 끓이면 끓일
수록 더욱 깊은 맛을 낸다. 닭고기 특유의 담백한 맛과 채소의
달큰한 맛이 어우러진 국물이 고기 속까지 스며들며 촉촉한 육
질을 살려준다. 닭한마리는 국물이 살살 끓어오르면 먼저 익은
떡과 감자로 빈속을 달래준 뒤 닭고기를 건져 양념장과 맛보고
남은 국물에 칼국수와 죽까지 즐길 수 있어 코스 요리를 먹는 듯
한 느낌을 준다.

instagram.com/_doodoo

1. 서울 종로5가 '진옥화할매 원조 닭한마리'

1978년에 문을 연 '진옥화할매 원조 닭한마리'는 닭한마리 메뉴를 최초로 선보인 곳이다. 대표 메뉴 '닭한마리'는 닭 가운데 감자가 꽂힌 독특한 비주얼이 눈길을 사로잡는다. 영계 수백 마리를 한 번에 넣고 끓여낸 육수를 사용하여 진한 국물이 일품이다. 닭고기는 35일 된 영계만 사용하며 한 번 삶아 기름기를 빼내어 산뜻한 맛을 낸다. 벽면에 닭한마리를 맛있게 즐기는 방법이 적혀 있는데, 양념장은 다대기 2, 간장 1, 식초 0.5, 겨자 두 방울을 넣어 만들면 된다. 고추씨가 들어간 칼칼한 양념장과 김치를 국물에 넣어 얼큰한 버전으로 즐기는 방법도 인기다. 칼국수 사리는 첫 주문 이후 추가 주문이 불가능하니 참고할 것.

<원산지 표시판>

닭 : 국내산

쌀 : 국내산

행복한유메 처음엔 맹물에 닭 한 마리만 빠져 있길래 왜 맛있는 집이라는 건지 의아했지만 끓기 시작하고, 다시 국물을 떠 먹는 순간 알아차렸어요! 제대로 왔다는 것을! 떡도, 칼국수도 좋았어요! 어른들도 너무 좋아하실 곳이에요!

▲ Since: 1978

▲ 위치: 서울 종로구 종로40가길 18

▲ 영업시간: 매일 10:30 - 01:00

▲ 가격: 닭한마리 25,000원, 감자사리 3,000원

Instagram.com/scona.

2. 서울 종로5가 '원조 할매 소문난 닭한마리'

닭한마리 골목 속 예스러운 간판과 건물 외관이 반겨주는 '원조 할매 소문난 닭한마리'. 유명 매스컴 방영과 함께 산악인 엄홍길의 단골집으로 알려지며 유명세를 치른 곳이다. 대표 메뉴는 엄나무를 넣어 은은한 풍미가 느껴지는 국물과 쫄깃한 닭이 어우러진 '닭한마리'. 육수를 촉촉하게 머금고 있는 닭고기는 가슴살까지 부드럽게 씹히는 식감이 매력적이다. 닭한마리와 국수, 감자, 떡, 버섯사리를 한 번에 맛볼 수 있는 푸짐한 구성의 세트 메뉴도 준비되어 있다. 주말 저녁 시간에는 닭이 소진되는 경우가 많아 전화 확인 후 방문하는 것을 추천한다.

식신 간장녀 허름하고 복작복작한 분위기도 좋고, 뜨끈한 국물이 맛있어서 좋고ㅠㅠ 이 국물에 있는 떡을 특제소스에 찍어 먹으면 왜 이렇게 맛있는지.. 떡만 한 냄비 있어도 다 먹을 것 같더라구요ㅋㅋ 왜 오랜 시간 사랑받는지 알겠는 맛집! 겨울 되면 꼭 생각나는 곳이에요~ 서울까지 원정 와서 먹어야 해서 술은 늘 못 마셨지만, 동네에 있었으면 소주가 아주 술술 들어갈 것 같은 느낌.

▲ Since: 1978년 (대략적)

▲ 위치: 서울 종로구 종로40가길 25

▲ 영업시간: 매일 10:00 - 24:00

▲ 가격: 닭한마리 25,000원,

　　　 닭도리탕 30,000원

instagram.com/rkdwpz

3. 서울 종로5가 '진원조 닭한마리 본점'

'진원조 닭한마리'에서는 특허 받은 한방 육수로 맛을 낸 닭한마리를 만나볼 수 있다. 대표 메뉴 '닭한마리'는 맑은 육수에 큼직한 크기로 썰어 낸 닭과 함께 파를 풍성하게 넣어 손님상에 올린다. 닭은 한 번 삶아 제공되므로 국물이 끓으면 바로 먹으면 된다. 속이 풀릴 정도로 시원한 국물과 야들야들한 살코기의 조화가 매력적이다. 벽면에 적힌 비율에 따라 부추에 양념장 1, 간장 1, 식초 1, 겨자 0.5 비율로 넣어 닭고기와 곁들여 먹으면 된다. 입맛에 따라 다대기와 김치를 넣고 끓이는 얼큰 닭한마리, 인삼과 대추를 추가하여 풍미를 더한 보양 닭한마리 등 다양한 방식으로 즐기는 재미가 있다.

식신 찬휘애미다 개인적으로 닭한마리 핵심은 국물이라고 생각하는데 여긴 정말 진국이에요. 겨울에는 몸을 뜨끈하게 해주고 여름에는 땀 뻘뻘 흘리면서 보양식으로 먹기 좋아요. 양념장은 면사리랑 같이 비벼 먹어도 꿀맛이에요!

▲ Since: 1986

▲ 위치: 서울 종로구 종로 252-11

▲ 영업시간: 매일 10:00 - 24:00

▲ 가격: 닭한마리 25,000원, 감자 2,000원

숯 향 가득한
인생의 맛

3

돼지갈비

갈비뼈에 붙은 살을 간장 양념에 숙성시킨 뒤 구워 먹는 '돼지갈비'. 갈비는 본래 소의 갈비로 만든 것을 지칭하는 단어였으나 쇠고기보다 저렴한 돼지고기로 비슷한 음식을 만들기 시작한 것에서 유래했다는 설이 전해진다. 돼지갈비는 짭조름한 양념 덕에 밥반찬으로도 좋고 술 한잔 기울이기 좋은 안주로도 제격이다.

달짝지근한 양념 한가득 바르고 뜨거운 불판 위에서 익어가는 돼지갈비의 냄새를 맡는 것만으로 구미가 당긴다. 발길을 붙잡는 마성의 냄새에 이끌리다 보면 이내 고기 집게를 휘두르는 불판의 마에스트로가 된다. 입안 가득 퍼지는 달달한 양념과 뼈에 붙은 갈빗살을 뜯어 먹는 재미는 덤! 상추 위에 잘 익은 돼지갈비한 점, 파무침, 마늘, 밥 한 덩이 입맛대로 쌓고 한입에 욱여넣어 풍성한 만족감을 즐기기 좋다.

1. 서울 용강동 '조박집'

'조박집'은 본관을 포함해 별관, 신관이 있을 정도로 마포 일대에서 소문난 고깃집이다. 대표 메뉴는 목살과 갈빗살로 만들어진 돼지갈비에 달콤한 양념을 입힌 '국내산 돼지갈비'. 깊게 배인 진한 양념 맛과 부드러운 육질을 느낄 수 있다. 고기를 주문하면 먼저 나오는 동치미국수는 청량한 맛으로 입맛을 돋워 준다. 아삭하고 시큼한 총각김치는 달짝지근한 갈비와 어울리는 개운한 맛이다. 후식으로 나오는 살얼음 동동 달콤한 식혜까지 맛보면 갈비 코스 요리를 먹은 듯한 느낌을 준다. 매장 주변은 주차공간이 협소해 인근 마포 공영 주차장을 이용하는 것을 추천한다.

식신 키세스마싯 기본으로 나오는 동치미 국수가 너무 맛있어서 추가해 먹었는데 양이 정말 많았어요! 돼지갈비는 적당히 달콤하면서도 짭조름한 맛이 잘 조화를 이뤄서 밥이랑 먹으면 정말 밥도둑이 따로 없어요~

▲ Since: 1979
▲ 위치: 서울 마포구 토정로37길 3
▲ 영업시간: 매일 11:30 - 23:00,
　　　　　　 B/T 15:00 - 17:00, 일요일 휴무
▲ 가격: 국내산 돼지갈비 16,000원,
　　　　 동치미국수 1,000원

2. 서울 성수동 '대성갈비'

성수동 돼지갈비 골목에서 푸짐한 상차림 덕에 많은 인기를 끌고 있는
'대성갈비'. 상추, 깻잎을 비롯해 배추, 당귀 등 다양한 종류의 쌈채소가
나온다. 뚝배기 가득 담겨 나오는 김치찌개, 봉긋하게 솟아오른 계란찜,
맛깔난 양념에 버무려진 양념게장 등 고기를 주문하면 함께 나오는 밑
반찬에서 넉넉한 인심이 느껴진다. 대표 메뉴 '돼지갈비'는 선홍빛 갈
빗살을 달달한 간장 양념에 재운 후 숯불에 구워 먹는다. 참숯에서 자주
뒤집어가며 구운 돼지갈비는 숯 향 머금으며 한층 깊어진 감칠맛이 난
다. 묵은지의 시원한 맛이 우러난 김치찌개는 고기가 듬뿍 들어 있어 든
든한 식사로 즐기기에도 손색이 없다.

식신 내이름은코난탐정이죠 1인분 기준으로 돼지갈비가 200g이 나와서 양도 많더라구요. 파절임, 무생채, 양파무침 등 기본으로 나오는 반찬이랑 이것저것 조합해 먹으면 느끼하지도 않고 끊임없이 들어가요. 불판에 마늘도 올려 같이 구우면 마늘 향도 은근하게 나서 더 맛있습니다!

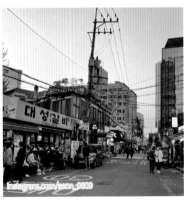

▲ Since: 1999
▲ 위치: 서울 성동구 서울숲4길 27
▲ 영업시간: 매일 12:00 - 21:00,
　　　　　 B/T 14:30 - 16:30, 일요일 휴무
▲ 가격: 돼지갈비 15,000원, 목살 15,000원

stagram.com/ma.cooo

'족발'은 간장과 생강, 마늘, 양파 등을 넣은 양념에 돼지의 발을 푹 졸인 후, 한입 크기로 썰어 먹는 음식이다. 한국전쟁 당시 서울로 피난을 왔던 장충동 '평안도족발집'의 이경순 할머니가 고향에서 먹던 족발 음식과 중국의 오향장육을 응용해 만든 것이 시초다. 발을 뜻하는 '족(足)'자에 한글 '발'이 붙은 족발의 유래는 발을 강조하고자 두 번 표기했다는 설과 우족에 비해 쉽게 접할 수 있었던 '돈족(豚足)'을 한글을 붙여 친근하게 표현한 것이라는 설이 전해진다.

족발은 앞발과 뒷발 두 가지 부위로 나뉘는데 운동량이 많은 앞발은 탄력 있는 살점과 지방이 적절한 비율을 이루고 있어 쫀득한 식감과 고소한 맛을 자랑한다. 뒷발은 앞발에 비해 살코기가 많이 분포되어 있어 부드러우면서도 담백한 맛을 느낄 수 있다.

instagram.com/angelbbona_foo

1. 서울 성수동 '성수족발'

미식가들 사이에서 서울 3대 족발 맛집 중 한 곳으로 불리는 '성수족발'. 막국수, 부침개 등 사이드 메뉴 없이 오로지 족발 단일 메뉴 하나로 승부하는 점에서 남다른 자신감을 엿볼 수 있다. 대표 메뉴 '족발'은 짙은 갈색빛을 띠는 껍데기가 강렬한 인상을 준다. 따끈하게 썰어 나오는 족발은 쫄깃쫄깃한 껍데기와 야들야들한 살코기의 대조적인 식감이 씹는 재미를 살려준다. 전체적으로 달달한 풍미가 감도는 족발을 새우젓에 찍어 먹으면 중독적인 단짠의 맛을 경험할 수 있다. 매장 만석 시, 맞은편에 위치한 호프집에서 안주를 주문하면 성수족발을 포장해 먹을 수 있으니 참고할 것.

식신 호박고구마 서울 3대 족발은 뭐가 다를까 싶어서 가봤는데 정말 맛이 남다르다. 살코기 부분은 젓가락에 힘을 팍 주고 먹어야 할 정도로 부드럽다. 그냥 먹어도 맛있고 상추에 다른 재료들이랑 크게 넣고 쌈으로 먹어도 맛난다.

▲ Since: 1983

▲ 위치: 서울 성동구 아차산로7길 7

▲ 영업시간: 매일 12:00 - 22:00

▲ 가격: 족발(중) 40,000원

instagram.com/hoonie_foo

2. 서울 논현동 '리북집'

'리북집'은 매일 아침, 당일 판매할 분량만큼의 생족을 공수받아 신선함을 유지한다. 일정한 맛을 위해 생족 공급 업체와 계약을 맺고 주기적으로 방문하여 품질 체크를 할 만큼 재료에 대한 뚝심이 남다르다. 대표 메뉴 '족발'은 100% 국내산 앞다리만 사용한다. 돼지고기 본연의 고소함을 해치지 않기 위해 계피, 감초, 생강, 양파 등 최소한의 약재와 재료로 잡내를 잡았다. 가마솥에서 6시간가량 정성스레 삶아 낸 족발은 탱글탱글하게 씹히는 껍데기와 보드라운 살코기가 조화롭게 어우러진다. 쟁반국수, 해물파전, 감자전 등 족발만으로 아쉬운 이들을 위한 사이드 메뉴도 다양하게 준비되어 있다.

식신 스마일베어-^- 대기 공간, 별관 등이 있을 정도로 논현동 먹자골목에서 아주 유명한 족발집입니다. 앞발을 정말 잘 삶았는지 살짝 식었을 때도 고기가 질기지 않고 아주 부드러웠어요. 기본 족발 외에도 냉채 족발, 매운 족발 등 다양한 족발 메뉴가 있어 골라 먹는 재미가 있답니다~

▲ Since: 정보 확인 불가
▲ 위치: 서울 강남구 학동로2길 45
▲ 영업시간: 매일 11:00 - 04:00
▲ 가격: 족발 37,000원, 쟁반국수 12,000원

instagram.com/hj__fooddia

3. 서울 장충동 '평안도족발집'

장충동 족발 골목의 1세대라 불리는 '평안도족발집'. 매장 안으로 들어
서면 분주한 손놀림으로 족발을 썰고 있는 이모님이 반겨준다. 대표 메
뉴 '족발'은 개업 초기부터 사용해온 씨 육수를 이용하여 한결같은 맛을
이어오고 있다. 먹음직스럽게 윤기가 흐르는 껍데기는 혀에 착 달라붙
으며 짙은 고소함을 선사한다. 몇 번 씹지 않아도 부드럽게 넘어가는 살
코기의 보들보들한 식감도 일품이다. 살얼음 동동 띄워 나오는 동치미
는 족발의 기름진 맛을 씻어줘 중간중간 곁들여 먹기 좋다. 매콤달콤한
양념장이 뒷맛을 개운하게 해주는 '막국수'도 후식 메뉴로 즐겨 찾는다.

식신 짜요&짜요 만화 식객에 나온 거 보고 찾아갔는데 너무 맛있어서 매장에서도 먹고 집에 갈 때 새로 포장해갔어요. 퍽퍽한 느낌이나 잡내도 없어 계속 들어가는 맛이에요. 안주로 빈대떡을 시켰는데 녹두를 직접 갈아서 그런지 담백하면서도 고소해요!

▲ Since: 1961

▲ 위치: 서울 중구 장충단로 174-6

▲ 영업시간: 매일 12:00 - 22:00, 월요일 휴무

▲ 가격: 족발(中) 40,000원, 막국수 8,000원

instagram.com/nyumnyum__

4. 서울 대치동 '뽕나무쟁이 선릉 본점'

'뽕나무쟁이 선릉 본점'은 사장님 부인의 고향에서 이름을 따와 매장명을 지었다. 본관과 별관을 합쳐 약 370석의 넓은 공간으로 이루어져 있어 인근 직장인들의 회식 장소로도 인기다. 대표 메뉴는 뽕족발과 양념족발을 한 번에 맛볼 수 있는 '모둠족발'. 국내산 생족만 사용하여 삶아낸 족발은 야들야들한 껍데기와 촉촉한 살코기의 조화가 매력적이다. 따끈하게 제공되는 뽕족발은 입안에서 녹아내리듯 부드러운 식감을 느낄 수 있다. 침이 고일 정도로 화끈하게 매운 '양념족발'은 은은하게 배어 있는 숯불 향과 깔끔한 끝맛을 자랑한다.

식신 오늘도머거야징 개인적으로 아주 우수한 족발집이었어요. 감기는 게 너무 맛있더라고요. 소주가 없으면 후회할 것 같아서 하나 먹었어요. 매운맛, 그냥맛 반반 먹었는데 매운맛이 확 당기고 그냥맛은 편하게 먹을 수 있는 느낌. 다 못 먹어서 싸가지고 왔는데 또 생각나서 그날 밤 야식으로 먹었다는…

▲ Since: 2005
▲ 위치: 서울 강남구 역삼로65길 31
▲ 영업시간: 월 - 토요일 12:00 - 00:00,
　　　　　일요일 12:00 - 24:00
▲ 가격: 모둠족발(中) 36,000원,
　　　　뽕족발(中) 34,000원

족발 **173**

stagram.com/jeonari1111

노릇노릇 냄새부터 맛있는

5

생선구이

'생선구이'는 깨끗하게 손질한 생선에 소금이나 간장 양념 등을 곁들여 구워 먹는 음식이다. 냉동고가 없던 시절, 상하는 것을 방지하기 위해 소금을 쳐서 보관하다가 구워 먹었던 것을 생선구이의 유래로 보고 있다. 1809년에 엮은 가정 살림 책 『규합총서』에는 생선을 꼬챙이에 끼워 굽는 법, 붕어를 굽는 법 등이 소개되어 있어 예로부터 생선구이를 즐겨 먹었음을 알 수 있다.

전어 굽는 냄새에 집 나간 며느리도 돌아온다는 말이 있을 정도로 불 위에서 생선이 익어가는 풍미는 가히 유혹적이다. 입맛 없던 사람도 갓 구워 나온 생선살을 발라 흰 쌀밥에 얹어먹으면 밥한 공기를 뚝딱 해치운다. 생선구이는 같은 종류의 생선이라 해도 어떠한 방식으로 굽느냐에 따라 맛이 천차만별로 달라진다. 생선살 자체가 맛있는 도미, 가자미 등은 소금을 발라 본연의 맛을 살리고 기름기가 많은 방어, 삼치 등은 간장 양념장을 발라 구워 주면 더욱 풍요로운 맛을 즐길 수 있다.

instagram.com/nampulo

1. 속초 동명동 '동명항 생선 숯불구이'

영랑호 인근에서 3대째 숯불로 생산을 구워 오고 있는 '동명항 생선 숯불구이'. 식사를 주문하면 청어알젓갈, 낙지젓갈, 나물무침 등의 밑반찬과 인원수에 맞게 새우구이를 내준다. 대표 메뉴 '세트 메뉴'는 모듬 생선구이와 해물된장뚝배기, 영양돌솥밥의 푸짐한 구성으로 제공된다. 생선구이는 가자미, 고등어, 메로를 제외하고 열갱이, 삼치, 임연수 등 속초 앞바다에서 잡아 올린 제철 생선으로 준비된다. 겉면이 타는 것을 방지하기 위해 소금 대신 소금물로 간을 하는 점이 특징이다. 은근한 불향이 스며든 촉촉한 생선살을 갓 지은 돌솥밥 위에 올려 먹으면 밥도둑이 따로 없다.

식신 그런가봅니다 숯불 향이 정말 제대로 나던 생선구이. 개인적으로 메로 구이가 고소하면서도 살도 두툼하니 가장 맛있다. 생선구이와 같이 나오는 돌솥밥도 단호박, 당근, 호박씨 등등 재료가 많이 들어가 건강한 한 끼를 먹는 느낌. 된장뚝배기도 구수하니 계속 들어가고 돌솥밥으로 만든 누룽지로 마무리하기 좋다.

▲ Since: 정확한 연도 모르시고 40년 좀 넘게 영업

▲ 위치: 강원 속초 번영로129번길 21

▲ 영업시간: 평일 11:00 - 21:00, 주말 10:30 - 21:00, B/T 15:00 - 17:30, 화요일 휴무 (7월 말 ~ 8월 말 제외)

▲ 가격: 세트 메뉴 19,000원

2. 부산 범일동 '신선식당'

'신선식당'은 복어, 대구, 가자미 등 생선을 주재료로 구이, 탕, 국, 찜 등 다양한 요리를 선보인다. 넓적한 접시 가득히 고등어, 가자미, 삼치, 갈치구이가 담겨 나오는 '생선구이'가 대표 메뉴다. 기본적으로 소금구이로 나오지만, 삼치구이 중 한 조각은 붉은 양념장을 얹어 제공한다. 담백한 삼치살에 양념장이 자극적이지 않은 감칠맛을 더하며 조화롭게 어우러진다. 소금 양념으로 구운 생선들은 알싸한 풍미를 살려주는 와사비 간장과 잘 어울린다. 생선구이를 주문하면 동태, 곤이, 알 등을 넣고 끓인 동태탕이 서비스로 제공된다. 시원하면서도 칼칼한 국물 맛이 술을 절로 부른다.

식신 맨날술이야 어르신들이 많은 걸 보니 제대로 맛집을 찾아온 느낌이에요! 생선구이는 양이 정말 많아서 깜짝 놀랐어요. 생선살도 다 두툼하고 딱 맛있게 노릇노릇하게 구워져서 완벽했어요. 같이 나오는 탕은 따로 주문한 음식처럼 내용물이 아주 실했습니다.

▲ Since: 정보 확인 불가

▲ 위치: 부산 동구 조방로49번길 13

▲ 영업시간: 매일 11:00 - 21:00, 일요일 휴무

▲ 가격: 생선구이 9,500원, 알탕 9,500원

instagram.com/suyeon_d

3. 공주 반죽동 '곰골식당'

옛날 한옥집 구조를 그대로 살린 건물이 정겨운 느낌을 주는 '곰골식당'. 매장 입구에서부터 식당 들어가는 길목을 따라 자리 잡은 식물들이 싱그러운 분위기를 살려준다. 대표 메뉴 '생선구이'를 주문하면 두 가지 종류의 생선구이와 무쇠솥에서 갓 지어낸 흑미밥, 구수한 된장국, 정갈한 밑반찬이 푸짐하게 한 상 차려진다. 생선구이는 시기에 따라 고등어, 임연수, 삼치 중 선택하여 제공된다. 숯불에서 앞뒤로 뒤집어가며 노릇하게 구워낸 생선은 바삭한 껍질과 촉촉한 살점의 조화가 매력적이다. 밥을 덜어내고 남은 솥에 물을 부어 만든 구수한 누룽지로 식사를 든든하게 마무리하기 좋다.

식신 라따뚜이 근처에 출장 왔다가 거래처 분이 여기 맛있다고 해서 들러봤습니다. 생선구이와 제육석쇠 주문했어요. 주문하고 바로 만드는 밥은 김만 싸 먹어도 맛나요. 생선은 살점도 튼실하게 붙어 있고 은은하게 풍기는 숯불 향이 먹을수록 입맛을 살려주는 느낌이에요. 제육도 매콤달콤한 양념이 아주 밥도둑이었어요.

▲ Since: 정보 확인 불가
▲ 위치: 충남 공주 봉황산1길 1-2
▲ 영업시간: 매일 11:00 - 21:00, 첫째,
　　　　　셋째 주 월요일 휴무
▲ 가격: 생선구이 8,000원,
　　　　참숯 제육석쇠 한판 15,000원

4

한국인의
마음의
양식
찌개

보글보글
소리부터 맛있는
김치찌개   1

우리나라 대표 음식 김치를 활용한 요리 중 가장 대중적으로 알려진 '김치찌개'. 김치를 담근 뒤, 시간이 지남에 따라 맛이 시어지고 식감이 물러지자 물에 넣고 끓여 먹었던 것에서 김치찌개의 역사가 출발한다. 신맛이 날 정도로 푹 익은 김치는 생으로 먹기 힘들지만, 김치찌개의 깊은 맛을 담당하는 더할 나위 없는 재료다.

김치찌개는 김치와 돼지고기를 두툼하게 썰어 넣고 보글보글 푹 끓여 내면 별다른 양념 없이도 친근하지만 깊이 있는 맛이 완성된다. 일반적으로 돼지고기를 이용하여 고소한 맛을 내지만, 취향에 따라 참치, 꽁치, 햄 등의 재료를 넣어 색다르게 즐길 수 있다. 칼칼하면서도 감칠맛이 살아 있는 국물은 밥을 말아 먹어도 좋고, 라면, 만두, 떡 등의 사리를 넣어 푸짐함을 더해도 좋다.

instagram.com/ggomida_go

1. 서울 경운동 '간판 없는 김치찌개집'

'간판 없는 김치찌개집'은 매장 이름 그대로 간판 대신 '김치찌개, 칼국수, 콩국수' 전문이라는 글귀가 반겨준다. 운치 있는 야외석부터 정감가는 2층 규모의 내부 공간까지 마련되어 있다. 대표 메뉴는 찌개 위로 큼직하게 썬 어묵을 수북하게 쌓아 제공하는 '김치찌개'. 냄비 가득히 김치와 돼지고기, 두부, 어묵을 넣고 끓이며 깊은 맛을 완성한다. 어묵의 짭조름한 감칠맛과 돼지고기의 기름진 맛이 어우러져 더욱 풍성한 맛을 자랑한다. 고소한 국물에 청양고추의 매콤함이 더해지며 깔끔하게 떨어지는 끝맛이 일품이다. 남은 국물에 칼국수사리를 추가해 자작하게 졸여 먹는 방법도 많은 사랑을 받는다.

식신 기요미팩맨 김치찌개를 줄 서서 먹는 다고? 라는 생각을 했던 과거의 나를 반성하게 만드는 맛. 정말 끓일수록 국물 맛이 더 맛있고 밥 위에 올려서 쓱쓱 비벼 먹으면 밥 두 공기는 거뜬하게 먹을 수 있다. 어묵 좋아해서 2번 추가했는데 맛이 한층 더 진한 느낌이었어요! 2인분부터 주문 가능하니 알고 가세요!

▲ Since: 정확하지 않으나 1980~90년도에
　　　개업
▲ 위치: 서울 종로구 인사동10길 23-14
▲ 영업시간: 평일 09:00 - 22:00,
　　　　　주말 09:00 - 15:30,
　　　　　B/T(평일) 15:00 - 17:00
▲ 가격: 김치찌개 7,000원

instagram.com/j_pyu

2. 서울 주교동 '은주정'

방산시장 인근, 자칫 지나치기 쉬운 좁은 골목 깊숙한 곳에 위치한 '은주정'. 시간대에 따라 점심시간에는 김치찌개만, 저녁시간에는 삼겹살 +김치찌개 구성의 세트 메뉴만 판매한다. 대표 메뉴 '김치찌개'는 커다란 냄비에 숙성된 묵은지와 투박하게 썰린 돼지고기를 넉넉하게 넣어 깊은 맛을 낸다. 청경채, 적상추, 치커리 등 5가지 이상의 쌈채소와 함께 제공되어 '쌈 싸먹는 김치찌개'로 불리기도 한다. 흑미밥에 찌개 국물을 넣어 자작하게 비빈 뒤 쌈채소 위로 고기와 함께 얹어 먹으면 입안 가득 들어차는 풍성함에 미소가 절로 지어진다.

식신 shyGIRL:-) 김치찌개를 쌈으로 싸 먹는다는 생각을 해보지 않았는데 정말 환상적인 조합이에요. 찌개 안에 고기가 정말 두껍게 썰려 있는데 적당히 기름진 지방과 부드러운 살코기 덕에 쌈이랑 더 잘 어울리는 느낌. 쌈은 두 가지 정도 겹쳐서 싸 먹으면 더 맛있고 리필도 가능해서 완전 풍성하게 먹은 식사였습니다.

▲ Since: 1985

▲ 위치: 서울 중구 창경궁로8길 32

▲ 영업시간: 매일 10:30 - 22:00, 일요일 휴무

▲ 가격: 김치찌개 9,000원,
　　　　삼겹살&김치찌개 13,000원

3. 서울 도화동 '굴다리식당'

'굴다리식당'은 굴다리 밑에서 공사장 인부들에게 식사를 판매하던 함
바집에서 시작했다. 개업 당시, 손님들이 식사를 빠른 시간에 하고 갈
수 있도록 찌개를 미리 끓여 두었다가 내놓는 방식을 지금까지 이어오
고 있다. 대표 메뉴는 사골 육수에 투박하게 썬 돼지 앞다릿살과 액젓을
넣지 않고 간을 한 묵은지로 깊은 맛을 낸 '김치찌개'. 오랜 시간 끓여 뭉
근하게 익은 배춧잎과 돼지고기는 술술 넘어갈 정도로 부드러운 식감
을 자랑한다. 매콤 칼칼한 양념으로 돼지 목살과 다리살을 걸쭉하게 볶
아 낸 '제육볶음'도 인기 메뉴다. 도톰한 두께 덕에 씹는 맛이 살아 있는
돼지고기는 속까지 간이 잘 배어 있어 씹을수록 짙은 감칠맛이 느껴진
다.

식신 꼬매꼬밍 김치의 새콤한 맛이 담긴 김치찌개는 고기가 가득 들어 있어 든든한 식사로도 술안주로도 제격이다. 살코기와 비계가 적절히 섞인 제육볶음은 부드러우면서도 쫄깃한 식감을 느낄 수 있고 양념이 아주 마성의 맛이다.

▲ Since: 1977

▲ 위치: 서울 마포구 새창로 8-1

▲ 영업시간: 매일 08:00 - 22:00

▲ 가격: 김치찌개 8,000원, 제육볶음 11,000원

instagram.com/kim9

4. 부산 부평동 '간판 없는 김치찌개'

국제시장 인근 좁은 골목길을 굽이굽이 따라가다 보면 갈색 벽돌을 쌓아 올린 '간판 없는 김치찌개'의 외관을 발견할 수 있다. 나이 지긋한 사장님이 자그마한 간판도 없이 은밀한 공간에서 장사를 이어오고 있다. 대표 메뉴 '김치찌개'는 일반적인 찌개와 달리 국물을 자작하게 졸여 나오는 점이 특징이다. 어묵의 단맛, 간장에 절인 김치의 감칠맛, 돼지고기의 고소한 맛이 매콤 칼칼한 양념과 함께 어우러지며 중독적인 맛을 자아낸다. 양푼 접시에 가득 담겨 나오는 보리밥과 찌개를 진득하게 비벼 먹거나 사장님이 직접 길러 내 놓는 상추에 쌈 스타일로 즐겨도 좋다. 봄 한정으로 선보이는 '생멸치 조림'도 별미다. 제철을 맞이한 생멸치에 된장과 고춧가루로 살린 감칠맛이 돋보인다.

instagram.com/hysy0903

instagram.com/sangmin_muk

instagram.com/sangmin_muk

식신 나는총각이다 강렬해 보이는 비주얼
만큼이나 맛도 정말 센 편이에요. 그래서
단독으로 먹기보다는 보리밥이랑 같이 비
벼 먹어야 맛있어요. 밑반찬으로 나오는
콩나물국의 콩나물을 넣어 같이 비벼 먹
으면 아삭아삭함이 더해져 맛과 식감이
더 풍성해지는 꿀팁이에요!

instagram.com/he__pig

▲ Since: 정보 확인 불가

▲ 위치: 부산 중구 중구로29번길 10-6

▲ 영업시간: 매일 10:00 - 20:00, 비정기 휴무

▲ 가격: 김치찌개 5,000원

instagram.com/andienoodle

5. 서울 북가좌동 '간판 없는 김치찌개'

'간판 없는 김치찌개'는 증산역 1번 출구 근방 공장지대 후미진 골목에
자리 잡고 있다. 노란 장판 위에 올려진 붉은 상, 손때 묻은 가구와 주방
도구 등 곳곳에서 노포의 정취가 묻어난다. 직접 끓인 구수한 보리차를
마시고 있으면 햇양파, 풋고추, 쌈장 등 투박한 상차림이 차려진다. 맛깔
나게 익은 김치, 신선한 생고기, 담백한 두부 등의 재료를 쏭덩쏭덩 썰
어 넣은 찌개와 따끈한 흑미밥이 함께 제공되는 '김치찌개'가 대표 메뉴
다. 김치 특유의 시원하면서도 달큰한 맛이 제대로 우러난 국물이 묵직
하게 속을 채워준다. 달걀 프라이와 라면사리도 추가 가능하며 공깃밥
은 무료로 리필해준다.

식신 치느님찬양하세 이런 곳에 식당이 있을까 했는데 안에 생각보다 사람이 많아서 놀랐어요. 진짜 시골집에 놀러 온 듯한 정겨운 느낌 가득! 김치찌개에는 국자를 풀 때마다 계속 담겨 나올 정도로 고기가 아주 가득가득 들어 있어요. 진짜 서울에서 가성비 좋은 식당 중 하나이지 않을까 싶어요!

▲ Since: 정보 확인 불가
▲ 위치: 서울 서대문구 증가로32안길 31-10
▲ 영업시간: 평일 11:30 – 15:00, 주말 휴무
▲ 가격: 김치찌개+공기밥 5,000원,
　　　　 달걀 프라이 1,000원

stagram.com/js0725

한국인
영혼의 스프 | 2

청국장

강렬한 향기로 많은 이들의 향수를 불러일으키는 '청국장'. 전시 (戰時)에 단기 숙성으로 단시일 내에 제조하여 먹을 수 있게 만 든 장이라 하여 전국장(戰國醬), 또는 청나라에서 배워온 것이라 하여 청국장(淸國醬)이라는 이름이 붙게 되었다. 메주콩을 더운 물에 불려 뜨거운 곳에 두어 발효시키는 된장의 한 종류로 발암 물질을 감소시키고, 몸속의 독소를 배출시키는 등 몸에 이로운 물질을 많이 함유하고 있다.

콩을 발효시킨다는 점에서 된장과 유사하지만, 청국장은 담근 지 2~3일이면 먹을 수 있는 점이 특징이다. 적정한 습도와 온도를 지 켜가며 발효시킨 청국장은 주로 고기, 고추, 두부, 양파 등의 재 료와 함께 찌개로 끓여 먹는다. 보글보글 끓으며 퍼지는 구수한 향기는 마음까지 채워주는 푸근함이 느껴진다. 따뜻한 청국장에 밥을 말아 김치 한 점 척 올려 먹으면 가장 한국다운 맛을 경험 할 수 있다.

Instagram.com/travelie

1. 서울 소공동 '사직골'

사직공원 인근에서 '사직분식'이라는 이름으로 장사를 해오다 매장 이전과 함께 상호를 변경한 '사직골'. 허영만 만화 '식객'에 청국장 맛집으로 등장한 이후로 '식객 청국장'으로도 불린다. 서울의 오염된 공기를 피해 청국장 발효실을 따로 둘 만큼 청국장에 대한 남다른 뚝심을 엿볼 수 있다. 대표 메뉴 '청국장'은 특유의 향이 강하지 않고 담백한 맛 덕에 남녀노소 누구나 부담 없이 먹을 수 있다. 숭덩숭덩 썰어서 들어간 두부와 중간중간 씹히는 콩 알갱이가 구수한 국물과 조화롭게 어우러진다. 고명으로 올라간 고추가 은근한 알싸한 맛을 더하며 뒷맛을 깔끔하게 잡아준다.

식신 N1ve1 매장 옮기기 전부터 자주 갔던 곳인데 맛은 정말 한결같아요. 밑반찬도 딱 집에서 먹는 집밥 느낌! 메인 요리인 청국장은 진한 스타일이 아닌 살짝 맑은 스타일로 나오는데 거부감 하나 없이 술술 넘어가는 맛이에요. 속까지 청국장 국물이 잘 배어 있는 두부도 아주 기가 막혀요~

▲ Since: 연도 알 수 없음, 인터넷 검색 시 1992년으로 추정

▲ 위치: 서울 중구 소공로 100-1

▲ 영업시간: 매일 11:00 - 20:30, 일요일 휴무

▲ 가격: 청국장 7,000원, 제육볶음 17,000원

instagram.com/jelee80

2. 서울 안국동 '별궁식당'

'별궁식당'은 한옥 구조를 그대로 살린 매장과 마당에 길게 늘어서 있는 장독대들이 시골집에 온 듯한 느낌을 준다. 전라북도 무주 구천동에서 재배한 순수 우리콩으로 된장과 청국장을 만든다. 대표 메뉴 '청국장'은 콩을 삶아 볏짚을 넣고 3박 4일 동안 별실에서 뜨는 전통 방식 그대로 제조한다. 시간과 온도를 잘 맞춰 청국장 특유의 꼬릿한 향을 최소화했다. 곱게 빻은 국산 생들깨로 우린 육수에 청국장, 버섯, 호박, 두부 등의 재료를 넣고 끓이다 마지막에 파와 고추를 얹어 손님상에 올린다. 청국장 고유의 맛을 해치지 않기 위해 최소한의 양념만 하여 순수한 장맛을 살렸다.

식신 자몽은맛있어 밑반찬으로 나오는 생선조림부터 내공이 장난 아니다 느꼈어요. 콩이 으깨지지 않고 모양이 그대로 살아 있어 식감이 심심하지 않아 괜찮네요. 직접 만든 청국장으로 끓여서 그런지 고급스러운 구수함이 느껴진다고나 할까요. 텁텁하지 않고 부드럽게 넘어가는 국물 맛도 예술이에요.

▲ Since: 2000
▲ 위치: 서울 종로구 윤보선길 19-16
▲ 영업시간: 매일 11:00 - 임의 마감,
　　　　　　　B/T 15:00 - 17:00, 일요일 휴무
▲ 가격: 청국장 9,000원, 파전 15,000원

instagram.com/foodie_ya

3. 서울 여의도 '삼보정'

여의도역 5번 출구 인근 종합상가 내에 위치한 '삼보정'. 찌개, 갈비탕, 뚝배기불고기 등의 식사 메뉴부터 생삼겹살, 곱창전골, 해물파전 등 안주 메뉴까지 두루두루 갖추고 있다. 대표 메뉴 '청국장'은 멸치와 다시마로 말갛게 우려낸 육수에 두부, 파, 양배추 등의 재료와 해남에서 공수한 메주 청국장을 냄비에 담아낸다. 자리에서 직접 끓여 먹기 때문에 취향대로 간을 맞춰가며 졸여 먹을 수 있다. 양배추의 달큼한 맛과 청국장의 구수함이 우러난 국물은 고기와 김치가 들어가지 않아 깔끔한 맛을 자랑한다. 콩나물과 부추를 담아 주는 양푼에 밥과 청국장을 넣어 비빔밥 스타일로 먹는 것도 별미다.

식신 길건너칭구들 처음에 국물이 너무 맑아서 청국장이 맞나라는 의문이 있었지만 끓을수록 맛있는 청국장이 완성되더라구요. 청국장에 양배추가 들어간 점이 특이했는데 생각보다 조합이 너무 맛있었어요. 밥은 정말 머슴밥처럼 가득 담겨 나와 청국장이랑 밥 한 그릇 다 먹으면 배가 빵빵해요.

▲ Since: 1982

▲ 위치: 서울 영등포구 여의나루로 42

▲ 영업시간: 매일 10:00 - 23:00

▲ 가격: 청국장 7,000원,
　　　　쇠고기두부찌개 7,000원

instagram.com/blush_showroo

4. 용인 고매동 '사또가든'

'사또가든'은 매장 주위로 크고 작은 컨트리클럽이 위치해 있어 골퍼들의 단골 맛집으로 잘 알려진 곳이다. 넓은 공간이 마련된 주차장, 프라이빗한 식사를 할 수 있는 룸, 산책하기 좋은 정원 등 편안한 식사를 할 수 있는 요소를 잘 갖추고 있다. 대표 메뉴는 청국장과 함께 10여 가지의 밑반찬, 생선구이, 공깃밥, 누룽지가 함께 나오는 '사또두부청국장정식'. 매장에서 직접 발효시켜 만든 장으로 끓인 청국장은 골콤한 냄새 없이 깊은 구수함이 느껴진다. 진한 국물에 알알이 살아 있는 콩 알갱이와 담백한 두부가 든든함을 더해준다. 정식 메뉴는 2인 이상부터 주문할 수 있다.

instagram.com/js0725__

instagram.com/js0725__

instagram.com/lilis_nail1330

식신 쿠마몬 라운딩하고 지인분이 맛있는 곳 있다고 하셔서 같이 다녀왔지요. 매장은 전반적으로 깔끔하면서도 고급스러워요. 뚝배기에 가득 담겨 나오는 청국장은 냄새가 많이 나진 않아 후루룩 먹기 좋았어요. 밥이랑 같이 비벼서 도라지무침이나 김치 올려 먹다 보니 한 뚝배기 금방 해치웠네요.

instagram.com/skyflower_hwansungmom

▲ Since: 정보 확인 불가

▲ 위치: 경기 용인 기흥구 기흥단지로 89

▲ 영업시간: 매일 09:30 - 22:00

▲ 가격: 사또두부청국장정식 16,000원,
　　　　 사또김치청국장정식 16,000원

stagram.com/im_jessie_yo

천상의 미각
컨버전스의 향연 | 3
부대찌개

김치 육수에 소시지, 떡, 라면 등의 재료를 넣어 끓여 먹는 '부대찌개'. 한국전쟁 당시 군부대 주변에 살던 사람들이 미군 부대에서 얻은 햄, 소시지 등을 여러 재료와 함께 찌개 형태로 끓여 먹었던 것에서 유래되었다. 이름 그대로 군대의 찌개라는 의미를 지닌 부대찌개는 당시 미국 대통령인 린든 B. 존슨의 성을 따서 '존슨탕'이라 불리기도 한다.

즉석에서 보글보글 끓여가며 먹는 부대찌개는 쇠고기, 햄, 베이크드 빈스, 국수사리, 만두, 떡 등 재료를 풍성하게 넣는 점이 특징이다. 칼칼한 김칫국물과 재료들의 기름진 맛이 어우러진 국물은 묵직한 맛을 자랑한다. 육수 맛이 밴 면사리를 호로록 건져 먹은 뒤 푸짐한 건더기로 속을 든든하게 채우고 남은 양념에 밥을 볶아 코스처럼 즐기다 보면 어느새 냄비의 바닥을 발견할 수 있을 것이다.

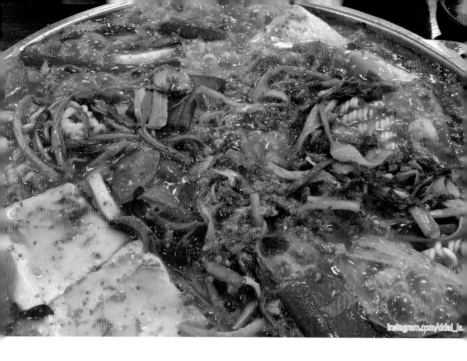

1. 서울 역삼동 '대우부대찌개'

역삼역과 언주역 사이 분주한 도심에 위치한 '대우부대찌개'. 역삼동 일대 직장인들의 든든한 식사를 책임져오고 있는 곳이다. 대표 메뉴 '등심부대찌개'는 넓은 냄비 위로 미나리, 파채, 민찌, 소시지, 두부, 떡, 한우 등심이 넉넉하게 담겨 나온다. 국물이 끓어오르기 시작하면 부드럽게 익은 등심을 애피타이저처럼 건져 먹으면 된다. 촉촉한 육수를 머금은 등심의 고소한 맛이 입맛을 한껏 돋워준다. 미나리의 향긋함이 우러난 국물은 자극적이지 않고 시원한 맛이 특징이다. 신선한 밑반찬으로 나오는 깻잎지에 소시지, 미나리, 백김치를 올려 돌돌 말아 색다르게 즐기는 방법도 인기다.

차 림 표 (1인분기준)		
부대찌개 (2인분 이상 주문가능)	12,000 원	(포장 10,000 원)
등심부대찌개 (2인분 이상 주문가능)	20,000 원	(포장 18,000 원)
소시지구이	14,000 원	(포장 12,000 원)
등심구이 (150그램) (2인분 이상 또는 소시지구이와 콜보로 주문가능)	40,000 원	(26,000원/100g)
안심구이 (150그램)	40,000 원	(26,000원/100g)

식신 이뻐이뻐 간이 세지 않아서 오히려 더 잘 들어가는 느낌이었어요. 등심부대찌개에 올라가는 등심은 색깔만 봐도 신선한 느낌이 가득! 직원분이 질겨지기 전에 등심 먼저 먹으라 했는데 고기가 야들야들 하니 아주 맛있었어요. 미나리가 팍팍 들어가 있는데 햄이나 면에 싸 먹으면 느끼하지도 않고 딱 좋아유!

▲ Since: 1984
▲ 위치: 서울 강남구 테헤란로25길 34
▲ 영업시간: 평일 11:00 - 21:00, 주말 11:30 - 21:00, B/T(평일) 15:00 - 17:00
▲ 가격: 등심부대찌개 20,000원, 부대찌개 12,000원

instagram.com/sungjae092

2. 의정부 의정부동 '오뎅식당'

'오뎅식당'은 국내에서 부대찌개를 처음으로 선보인 곳이다. 개업 초기에는 어묵을 판매하는 포차로 시작하였다. 식당 근처 미군 부대에서 일하던 단골손님들이 가져다주는 햄, 소시지, 베이컨 등으로 볶음을 만들어 판매하던 중, 밥과 어울리는 국물을 찾는 손님들이 늘자 기존의 볶음 재료에 김치와 장을 더해 지금의 부대찌개가 만들어졌다. 대표 메뉴는 번철 그릇 위로 햄, 소시지, 파, 두부, 당면, 민찌, 김치 등을 수북하게 쌓은 뒤 투명한 육수를 부어 자작하게 끓여 먹는 '부대찌개'. 육수가 끓을수록 갖은 재료들의 맛이 국물에 녹아들며 묵직하면서도 깊은 맛이 완성되어간다. 우동, 치즈, 수제비, 감자만두 등의 사리를 추가하여 더욱더 푸짐하게 즐겨도 좋다.

식신 맑은고딕 의정부 부대찌개 대명사라
고 할 수 있는 곳. 역시 부대찌개의 원조라
고 불리는 집답게 국물 맛부터 남다르네
요. 국물이 깔끔한데 양념 맛은 진하게 잘
느껴지고 기본적으로 들어가는 재료들도
정말 하나하나 잘 관리한 듯한 느낌을 받
았습니다. 화력이 세서 먹으면 먹을수록
국물이 더 맛있게 졸여져요!

▲ Since: 1960
▲ 위치: 경기 의정부 호국로1309번길 7
▲ 영업시간: 매일 08:30 - 21:30
▲ 가격: 부대찌개 9,000원, 모둠사리 7,000원

instagram.com/bellabelaila

3. 평택 신장동 '김네집'

진득한 양념과 기름진 국물이 특징인 송탄식 부대찌개의 정석을 맛볼
수 있는 '김네집'. 매장에서 식사할 수 있는 시간과 포장판매 하는 시간
을 따로 나눌 만큼 포장 손님도 끊임없이 이어진다. 대표 메뉴 '부대찌
개'는 사골 육수 베이스에 민찌, 소시지, 김치, 양파, 대파 등의 재료를
넉넉하게 담은 뒤 슬라이스 치즈 두 장을 올려 제공한다. 국물이 한 소
끔 끓어오르면 이모님이 마늘을 한 움큼 넣어주는데 3분 정도 더 끓여
맛보면 된다. 마늘을 마지막에 넣어 마늘의 짙은 풍미를 살린 국물이 갖
은 재료들을 걸쭉하게 감싸며 짙은 감칠맛을 더한다.

instagram.com/tina.yoon

김 네 집

부대찌개 (식사포함/김치:국내산)	9,000
폭 찹 (1인분/200g/국내산)	9,000
	(100g ── 4,500)
로 스 (베이컨)(1인분/200g/미국산)	9,000
	(100g ── 4,500)
라 면	2,000
공 기 밥	1,000

명작복분자	10,000	맥 주	4,000
백세주	7,000	소 주	4,000
청 하	4,000	음료수	2,000

● 쌀·배추김치·마늘·고추가루 : 국내산
찌개포장기본 18,000

instagram.com/lucky___castle

instagram.com/tina.yoon

식신 꼬잇 집에서 40km 정도 떨어져 있는 곳인데도 몇 달에 한 번은 먹으러 일부러 갑니다. 햄과 소시지 양이 남다르고 치즈도 두툼한 거 넣어주셔서 맛이 깊더라고요. 흰밥이랑 너무 잘 어울려서 밥도둑이에요. 반찬은 딱 배추김치 하난데 손이 잘 안 가요. 워낙 찌개가 맛있어서~ 사리는 신라면을 씁니다!

instagram.com/tina.yoon

▲ Since: 정보 확인 불가

▲ 위치: 경기 평택 중앙시장로25번길 15

▲ 영업시간: 매일 11:10 - 21:30, 포장은 09:30
　　　　　 부터 가능, 첫째, 셋째 월요일 휴무

▲ 가격: 부대찌개 9,000원, 라면 2,000원

4. 파주 선유리 '원조 삼거리 부대찌개 전문'

'원조 삼거리 부대찌개 전문'은 본점과 분점이 나란히 옆에 위치하고 있다. 식사를 주문하면 배추김치와 짠지 두 가지 밑반찬이 단출하게 차려진다. 국물 위로 수북하게 올려진 초록빛 쑥갓과 붉은 김치의 대조적인 색감이 시선을 끄는 '부대찌개'가 대표 메뉴다. 소시지, 햄, 베이컨 등의 기름진 맛이 우러난 국물에 쑥갓의 청량한 맛이 어우러지며 국물 맛을 깔끔하게 잡아준다. 쑥갓의 내음이 은은하게 풍기는 국물 속 뭉근하게 익은 김치, 탱글하게 씹히는 소시지가 든든함을 더한다. 라면사리는 처음부터 같이 익혀 먹어도 좋고 찌개가 반 정도 남았을 때 걸쭉하게 끓여 마무리해도 좋다.

식신 빨간점무늬 부대찌개만 판매하고 있어서 자리에 앉아 몇 인분인지와 사리 추가 여부만 말하면 찌개가 나옵니다. 부대찌개에 쑥갓이 많이 들어가서 그런지 국물이 칼칼하면서도 시원한 느낌. 식사로도 좋지만, 국물 덕에 해장할 때 종종 가기도 해요. 소시지, 고기 등 재료들도 아쉽지 않을 정도로 아주 많이 들어 있어요~

▲ Since: 1969

▲ 위치: 경기 파주 문산읍 문향로 103

▲ 영업시간: 매일 09:00 - 21:00

▲ 가격: 부대찌개 8,000원, 사리면 1,000원

stagram.com/ifnotnowthen.when

육수에 돼지 등뼈, 우거지, 감자 등의 재료를 넣고 칼칼한 양념과
함께 고아내듯 푹 끓여낸 '감자탕'. 감자가 들어가 감자탕으로 알
고 있지만 돼지 등뼈 중 감자뼈라는 부위를 넣고 끓여 이름이 붙
었다는 설도 전해진다. 감자탕은 삼국시대에 돼지 사육의 중심지
였던 현재의 전라도 지역에서 유래되어 현재는 전국 각지에서 즐
기는 한국 전통음식으로 자리 잡았다.

육수에 감칠맛을 더해줄 된장을 풀고, 살코기가 실하게 붙은 등
뼈, 매콤하게 양념한 시래기, 고소함을 배가시켜줄 들깻가루, 포
슬포슬하게 쪄낸 감자까지 더해주면 풍성한 감자탕이 완성된다.
얼큰한 국물에 채소와 돼지 등뼈의 구수한 맛이 배어든 국물은
끓을수록 깊은 맛이 배가 된다. 토 실토실한 살점을 떼어먹은 뒤
등뼈 사이사이에 붙은 고기까지 발라 먹는 재미도 쏠쏠하다.

instagram.com/god.c

1. 서울 종로6가 '방아다리 감자국'

은색 냄비, 빨간 소쿠리, 영업용 냉장고 등 주방용품이 매장 입구에 오밀조밀 모여 있는 '방아다리 감자국'. 이른 오후까지 장사하지만 준비된 수량이 떨어지면 예정 시간보다 일찍 닫는 날이 부지기수다. 대표 메뉴 '감자국'은 들깻가루가 들어가지 않아 깔끔한 국물 맛을 자랑한다. 기름기 없이 담백한 맛을 강조한 국물이지만 가벼운 감 없이 깊은 맛이 살아 있다. 감자국에 들어가는 고기는 대퇴부 뼈 부위를 이용하여 부드러우면서도 탄력적인 식감을 동시에 느낄 수 있다. 조금 더 매콤하게 즐기고 싶다면 사장님에게 고추를 요청해 넣어도 좋다. 매장이 붐비는 시간엔 합석으로 식사를 할 수 있으니 참고할 것.

식신 김치치즈탕슉 자그맣게 감자국이라는 메뉴 하나만 적혀 있는 메뉴판부터 포스가 느껴져요. 반찬으로 콩나물무침, 김치, 단무지가 나오는데 더도 말고 덜도 말고 딱 필요한 구성으로 나오는 것 같아요. 고기도 뼈와 살이 잘 부드럽게 분리되고 토실토실하게 살이 실하게 붙어 있어요! 국물은 해장이 되면서도 술이 생각나는 맛!

▲ Since: 연도 알 수 없음, 40년 정도 영업

▲ 위치: 서울 종로구 종로39길 50

▲ 영업시간: 매일 10:30 - 15:30, 일요일 휴무,
　　　　　　재료 소진 시 조기 마감

▲ 가격: 감자국 7,000원

instagram.com/sik_m

2. 서울 동선동 '태조감자국'

'태조감자국'의 역사는 1대 대표 고 이두환 옹이 백반집으로 시작한 '부암집'에서 출발한다. 아들 부부가 식당을 물려받아 감자탕 메뉴를 본격적으로 선보인 뒤 현재는 아들까지 3대째 대를 이어오고 있다. 대표 메뉴는 크기에 따라 '좋~다', '최고다', '무진장', '혹시나' 등 익살스러운 이름으로 메뉴명을 지은 '감자탕'. 개업 초기 경영철학을 이어 합리적인 가격과 푸짐한 양을 지켜오고 있다. 넓적한 냄비에 국내산 돼지 등뼈, 깻잎, 당면, 떡, 수제비, 들깻가루 등의 재료를 수북하게 쌓아 제공한다. 사골에 등뼈 삶은 물을 섞은 육수와 대파 진액 베이스로 만든 양념장이 어우러지며 묵직한 감칠맛을 낸다.

식신 마이동풍 돼지 등뼈를 국내산으로 써서 그런지 확실히 잡내도 안 나고 살이 부들부들~ 깻잎도 넉넉하게 들어가 있어 은근하게 나는 깻잎 향도 너무 좋고! 생활의 달인에서 깍두기 달인으로 인정받을 만큼 깍두기가 익은 정도나 맛이 아주 감자탕이랑 잘 어울림! 밥도 볶아 먹었는데 김 가루가 많이 들어가 고소하게 마무리했다.

▲ Since: 1958

▲ 위치: 서울 성북구 보문로34길 43

▲ 영업시간: 매일 10:00 - 01:00

▲ 가격: 좋~다 17,000원, 최고다 20,000원

instagram.com/amazon_sinshamp

3. 서울 을지로3가 '동원집'

솥 단지 속 펄펄 끓고 있는 국물과 튼실한 고기가 입구에서부터 반겨주
는 '동원집'. 대표 메뉴 '감자국'은 뚝배기가 넘칠 정도로 큼직한 등뼈와
감자 한 알을 올려 제공한다. 돼지 뼈를 12시간 꼬박 끓여내 깊고 진한
맛이 느껴진다. 일일이 기름을 걷어 내가며 완성한 국물은 담백하면서
도 깔끔한 국물 맛이 일품이다. 국물에 촉촉하게 적셔진 고기는 젓가락
을 넣자마자 뼈와 살점이 쉽게 분리될 정도로 야들야들한 식감을 자랑
한다. 적당량의 생강을 넣어 돼지고기 특유의 잡내를 완벽하게 잡은 점
이 맛의 비결이다. 살짝 삭힌 홍어회에 머리고기와 김치를 곁들여 먹는
'홍어삼합'도 별미다. 초보자들도 먹기 좋게 홍어 향이 부드럽게 다가온
다.

instagram.com/baengkwan

instagram.com/podo._sohee

instagram.com/podo._sohee

식신 마포면먹러 저렴한 가격, 노포만의 분위기, 훌륭한 음식, 투박하지만 싫지는 않았던 서비스 모든 게 괜찮았다. 감자국의 등뼈는 푸짐했고, 국물을 처음 보는 맛이었는데 굉장히 담백하면서 소주와 먹기 좋았다. 머리고기에 나온 내장들과 순대는 신선하면서도 맛있었다. 다음에는 그냥 밥만이라도 먹어봐야겠다.

instagram.com/podo._sohee

▲ Since: 1987

▲ 위치: 서울 중구 을지로11길 22

▲ 영업시간: 평일 09:00 - 22:00, 토요일 09:00 - 21:00, 일요일 휴무

▲ 가격: 감자국 8,000원, 머리고기(中) 20,000원

감자탕 **223**

instagram.com/_woneyst

4. 서울 후암동 '일미집'

'일미집'은 사장님의 얼굴이 걸린 간판에서 음식에 대한 자신감이 느껴진다. 세월의 흐름이 느껴지는 외관은 옛 모습을 그대로 간직해오고 있다. 대표 메뉴는 맑은 육수에 돼지 등뼈, 감자, 파, 소량의 양념장으로만 맛을 내 개운한 맛이 돋보이는 '감자탕'. 도가니 육수와 사골을 섞어 깊은 맛을 살린 국물은 양념장과 조미료를 최소화해 텁텁한 맛을 없애고 신선한 재료들이 지닌 본연의 맛을 강조했다. 뼈에서 부드럽게 분리되는 고기와 포실포실한 감자가 어우러지며 식사를 든든하게 책임진다. 남은 국물에 라면사리와 볶음밥까지 코스로 즐겨도 좋다. 큼직한 돼지등뼈 2~3개와 감자 한 알이 담긴 뚝배기감자탕과 공깃밥이 함께 나오는 감자탕백반'은 1인 고객들의 식사 메뉴로 인기다.

instagram.com/thesophiashin

instagram.com/elbira1

instagram.com/choibbit

식신 하얀고래 오래된 식당인데도 매장 내부는 아주 깔끔하게 잘 유지되고 있다. 감자탕에 일반적으로 들어가는 들깻가루, 우거지, 깻잎이 들어가지 않아 텁텁하지 않고 국물 맛이 아주 깔끔하면서도 개운한 맛이랄까요! 국물이 자극적이지 않은데 끓일수록 국물이 진해지며 진가가 나타나요~ 담백한 감자탕을 찾는다면 강추!

instagram.com/elbira1

▲ Since: 알 수 없음, 약 50년 정도 영업

▲ 위치: 서울 용산구 후암로 1-1

▲ 영업시간: 매일 11:00 - 21:40

▲ 가격: 감자탕(중) 23,000원,
　　　　감자탕백반 7,000원

instagram.com/chan_michel

5. 서울 신사동 '신미식당'

'신미식당'은 알록달록한 꽃무늬 패턴이 그려진 벽지가 시골집에 온 듯한 느낌을 준다. 식사 주문과 함께 맛깔난 밑반찬이 차려지는데 그 중통마늘무침은 이곳의 시그니처라 불릴 만큼 중독적인 맛을 자랑한다. 대표 메뉴는 등뼈와 붉은 육수가 담긴 냄비 위로 큼직하게 썬 대파와 깻잎을 듬뿍 올려 제공하는 '감자탕'. 강렬한 빛을 띠는 국물의 첫맛은 묵직하게 느껴지지만, 뒷맛은 개운하게 딱 떨어진다. 굵직한 뼈에 실하게 붙어 있는 고기는 속까지 국물이 스며들어 있어 진한 감칠맛을 느낄 수 있다. 뜨겁게 달아오른 솥뚜껑에 구워 먹는 '생삼겹살'도 인기다. 도톰한 두께에 살코기와 비계가 적절히 섞여 있어 고소한 맛이 일품이다.

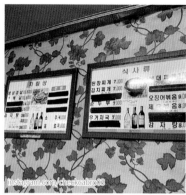

식신 초딩입맛MSG 날씨가 좋은 계절엔 야외석에서 먹을 수 있답니다! 감자탕은 고기가 정말 많이 들어 있는데 젓가락을 살짝 대기만 해도 고기가 바로 분리가 될 정도입니다. 뼈에 붙은 고기도 남길 수 없어 쭙쭙 빨아 먹는 재미도 있어유 ㅎㅎ 하얀 쌀밥에 감자탕 고기와 마늘장아찌 올려서 먹으면 정말 밥도둑, 술도둑이 따로 없어요.

▲ Since: 알 수 없음, 약 25년 넘게 영업

▲ 위치: 서울 강남구 압구정로 214

▲ 영업시간: 매일 11:00 - 22:00, 토요일 휴무

▲ 가격: 감자탕 40,000원, 생삼겹살 15,000원

nstagram.com/minki.jeon.908

칼칼하게 즐기는
시원한 이열치열 **5**

생태찌개

말리거나 얼리는 등의 과정을 거치지 않고 잡아 올린 그대로의
명태를 일컫는 '생태'. 코끝 시린 추운 겨울, 제철을 맞이한 생태
로 끓여 낸 '생태찌개'는 마음 구석구석 따뜻하게 데워준다. 시원
하면서도 칼칼한 국물 덕에 생태찌개는 해장용으로도 많은 사랑
을 받는다. 생태에는 숙취 해소에 효과적인 메티오닌이 들어 있
어 맛뿐만 아니라 진정한 해장을 하기에 제격인 음식이다.

생태찌개는 깨끗하게 손질한 생태를 무, 두부, 미나리, 대파, 고
추 등의 재료를 넣어 끓인다. 신선한 생태의 맛을 해치지 않기 위
해 마늘, 소금 등 최소한의 재료로만 간을 한다. 불을 끄기 전 쑥
갓을 넣고 한소끔 더 끓여 내면 향긋한 풍미가 담긴 생태찌개를
맛볼 수 있다. 끓을수록 짙어진 국물을 한 술 두 술 뜨다 보면 해
장하러 왔다가 어느새 술을 주문하는 모습을 발견할 수 있을 것
이다.

instagram.com/_Jaeyo

2. 서울 명동 '원조한치'

'원조한치'는 명동예술극장 인근 골목길 깊숙한 곳에 자리 잡고 있다. 한치, 대구, 생태 등의 해산물을 이용하여 식사와 안주 메뉴를 선보이고 있다. 대표 메뉴는 매일 아침 경매를 통해 공수한 생태 생물만 사용하는 '얼큰생태탕'. 당일 소진 원칙으로 그날 들어온 생태만 사용하여 신선한 퀄리티를 유지한다. 양푼 냄비에 콩나물과 파를 넉넉하게 깔고 생태, 이리, 마늘, 양념장, 무, 미더덕 등의 재료를 넉넉하게 담은 뒤 육수를 부어 제공한다. 조미료 없이 콩나물과 미나리를 우려 만든 육수에 생태, 채소, 양념장의 맛이 어우러지며 깊은 맛을 자아낸다. 한치로 만드는 불고기, 회, 튀김, 숙회와 아귀탕의 구성을 한번에 맛볼 수 있는 '세트 메뉴'는 알찬 구성 덕에 애주가들에게 많은 사랑을 받는다.

232

식신 식신 **불장난9119** 이 식당을 잘 아는 사람이 아니고서야 찾기 힘들 만큼 아주 구석에 있어요. 근데 막상 들어가보면 항상 사람들로 북적북적! 한치 요리도 맛있지만 생태탕도 정말 이에 못지않게 맛이 죽입니다. 국물이 정말 깔끔~ 한입 먹자마자 속이 확 풀리는 국물과 부드러운 생태 살을 먹다 보면 소주가 절로 생각나요.

▲ Since: 정보 확인 불가

▲ 위치: 서울 중구 명동7길 14-5

▲ 영업시간: 평일 10:00 - 22:00, 주말 휴무

▲ 가격: 얼큰생태탕 15,000원,
　　　　한치불고기 14,000원

3. 서울 입정동 '세진식당'

크고 작은 공업사가 밀집해 있는 골목 한쪽에 자리 잡은 '세진식당'. 뜨거운 냄비가 닿았던 자국이 그대로 남아 있는 테이블에서 세월의 흔적이 느껴진다. 대표 메뉴 '생태찌개'는 칼칼한 국물에 생태, 무, 대파, 쑥갓, 민물새우, 내장 등의 재료를 넉넉하게 담아 자리에서 끓여 먹는다. 마치 민물매운탕을 먹는 것처럼 깊은 맛이 살아 있는 국물이 속을 얼큰하게 채워준다. 경쾌하게 퍼지는 국물이 부드러운 생태살과 고소한 내장을 감싸며 감칠맛을 한껏 이끌어 올린다. 매콤한 양념으로 오징어를 물기 없이 볶아 낸 '오징어볶음'도 인기 메뉴다. 쫄깃하게 씹히는 오징어에서 수준급 불맛을 느낄 수 있다.

식신 불장난9119 원래 아는 사람만 아는 숨은 맛집이었는데 최근에 SNS에서 인기를 끌면서 젊은 사람들도 많이 찾아와요. 여기 가면 꼭 시켜야 하는 생태찌개는 민물새우가 들어가서 그런지 국물이 엄청 시원하니 술을 절로 부른답니다. 찌개 다 먹고 나면 항상 오징어 안주를 시키는데 여름에 나오는 갑오징어 숙회도 술도둑이에요!

▲ Since: 1988

▲ 위치: 서울 중구 을지로15길 21

▲ 영업시간: 매일 11:00 - 22:00

▲ 가격: 생태찌개 11,000원,
　　　　 오징어볶음 7,000원

5

육즙 터지는
고소한
풍미

肉

고소한
풍미의 극강

1

한우 등심

'등심'은 소의 갈비뼈 바깥쪽에 붙어 있는 살코기 부위를 뜻한다. 등심은 소 등의 윗부분부터 크게 윗등심살, 꽃등심살, 아래등심살 세 가지 부위로 나뉜다. 그중에서 윗등심살과 꽃등심살은 근육과 지방이 적절한 조화를 이루고 있어 구이 방식으로 익혔을 때 가장 맛있게 먹을 수 있다. 그에 반해 아래등심살은 근육보다 살코기가 많아 스테이크나 샤부샤부로 먹기 좋다.

하얀 마블링이 내려앉은 한우 등심이 선사하는 고소한 풍미와 맛은 매혹적이다. 한우 등심구이는 같은 부위라도 어떠한 방식으로 조리하느냐에 따라 천차만별의 맛을 낸다. 뜨겁게 달궈진 무쇠 팬에 기름기가 빠져나가지 않도록 익혀 육즙을 꽉 잡아내기도 하고 질 좋은 숯불에서 은은한 숯 향을 입혀가며 깊은 풍미를 살리기도 한다. 노릇하게 익은 등심은 소금에 살짝 찍어 먹으면 한층 짙은 풍미와 혀를 감싸는 녹진한 맛을 즐길 수 있다.

1. 서울 논현동 '원강'

함평, 나주, 화순 등 전남 지역에서 자란 한우를 직송으로 받아 사용하는 '원강'. 한우 중에서도 당일 도축으로 잡은 1등급 암소만 취급한다. 운이 좋은 날엔 주인장이 때때로 서비스로 내어주는 육사미를 만나볼 수 있다. 대표 메뉴 '꽃등심'은 선홍빛 살점 위로 하얀 마블링이 어우러진 비주얼에서 신선도를 짐작할 수 있다. 직원이 먹기 좋게 구워 준 꽃등심 한 점을 입에 넣으면 사르르 녹아내리듯 부드러운 식감을 경험할 수 있다. 고기를 먹은 뒤엔 길게 채 썬 무와 함께 밥을 지은 '무밥'으로 식사를 마무리하기 좋다. 은은하게 퍼지는 무향과 담백한 맛이 입안을 깔끔하게 정리해준다.

instagram.com/glaceaumiel

instagram.com/mnj_eats

instagram.com/dong_geul

식신 피노키오왕자 신선한 고기만 들이다 보니 가끔은 특정 부위가 종종 안 들어오는 경우가 있더라구요! 산지에서 가져온 소고기라 질은 정말 두말할 것도 없어요. 꽃등심은 마블링이 가득 들어 있어 미디움 레어로 익혀 먹으면 정말 살살 녹아요. 무밥이 정말 별미인데 2인분 이상 주문 가능하니 참고하시길!

instagram.com/mnj_eats

▲ Since: 1995
▲ 위치: 서울 강남구 학동로6길 16
▲ 영업시간: 매일 11:30 - 22:00
▲ 가격: 꽃등심 63,000원, 무밥 12,000원

Instagram.com/mukbinnazzi

2. 서울 청담동 '새벽집 청담 본점'

'새벽집 청담 본점'은 국밥을 판매하던 식당으로 시작했다. 박곤옥 대표가 근처에 소고기 등심을 판매하는 식당이 없다는 걸 파악한 후 한우 등심으로 승부수를 띄워 현재 모습으로 자리 잡게 되었다. 대표 메뉴는 전라도 화순과 함평에서 매일 들여오는 1++ 한우 암소로 선보이는 '꽃등심'. 숯불 위에서 치이익거리며 익어가는 소리와 고소하게 퍼지는 풍미가 기대감을 한껏 살려준다. 촉촉한 육즙을 머금은 꽃등심은 기호에 맞게 소금, 파절임, 고추간장 소스를 곁들여 먹으면 된다. 밥과 육회, 당근, 콩나물, 호박, 나물, 김가루 등의 재료를 비벼 먹는 '육회비빔밥'도 인기다. 육회비빔밥 주문 시 칼칼한 선짓국이 서비스로 제공된다.

식신 하얀고래 청담동 소고기 맛집의 대명사라고 할 수 있는 곳. 연예인들도 은근 많이 찾아오는 곳이에요. 예전부터 가는 곳이지만 변함없이 고기 상태가 아주 훌륭해요. 꽃등심은 숯불 위에서 살짝만 익혀 소금에 콕 찍어 먹으면 완벽한 조합! 육회비빔밥에는 육회가 아주 낭낭하게 들어 있어 식사로 딱 좋아요.

▲ Since: 1994

▲ 위치: 서울 강남구 도산대로101길 6

▲ 영업시간: 매일 00:00 - 24:00

▲ 가격: 꽃등심 64,000원,
　　　　육회비빔밥 12,000원

3. 서울 홍익동 '대도식당 왕십리 본점'

마장동 도살장에서 잡은 1등급 한우만 사용하는 '대도식당'. 매장 한편
에서는 정육사들이 한우를 손질하는 모습을 구경할 수 있다. 대표 메뉴
는 알등심, 살치살, 새우살, 멍에살의 구성으로 등심 한 채의 부위를 골
고루 맛볼 수 있는 '한우 등심구이'. 무쇠 판에 두태 기름과 마늘을 넣어
마늘 향을 낸 뒤 등심을 올린다. 밑반찬으로 제공되는 파무침과 양배추
는 등심의 기름진 맛을 잡아줘 중간중간 곁들여 먹기 좋다. 깍두기를 잘
게 다져 밥과 함께 고슬고슬하게 볶아 내는 '깍두기볶음밥'과 구수한 된
장 국물에 갖가지 채소와 밥을 넣어 걸쭉하게 끓여 먹는 '된장죽'으로
식사를 마무리하기 좋다.

식신 ○문어머리○ 소고기 먹고 싶은 날이면 꼭 방문하는 대도식당! 무쇠 판에 구워서 그런지 육즙이 하나도 빠져나가지 않고 속에 촉촉하게 고여 있어요. 처음에 마늘 입혀서 그런지 전체적으로 풍미도 좋고 어디 하나 빠짐없이 아주 훌륭해요. 볶음밥 만들 때 고기 남겨뒀다가 같이 볶아 먹으면 맛이 한층 더 살아나요!

▲ Since: 1964
▲ 위치: 서울 성동구 무학로12길 3
▲ 영업시간: 매일 11:00 - 22:00
▲ 가격: 한우 생등심 42,000원,
　　　　깍두기볶음밥 4,000원

instagram.com/seoheema

4. 평창 회계리 '부산 식육식당'

'부산 식육식당'은 리조트와 인접해 있어 스키어들 사이에서 입소문 난 고깃집이다. 매장 안으로 들어서면 다녀간 손님들의 낙서가 빼곡하게 적혀 있는 벽면이 반겨준다. 대표 메뉴는 선홍빛 살점과 하얀 마블링 사이로 쫀득한 떡심이 박혀 있는 '등심'. 무쇠 불판에서 살짝만 익힌 등심은 짙은 육향과 고소한 맛을 자랑한다. 고기를 구웠던 불판 위에 집된장을 풀고 호박과 두부를 넣고 끓이는 '된장찌개'도 인기 메뉴다. 돌판에 밴 기름기가 올라와 구수한 맛을 한껏 더해준다. 된장찌개에 공깃밥을 넣고 자박자박하게 끓여 짜글이 방식으로 즐기는 것도 별미다.

식신 김영란 평창 갈 일 있으면 무조건 들르는 고깃집이다. 무쇠로 된 불판에 고기를 익혀서 고기도 정말 빨리 익고 육즙도 아주 가득가득하다. 미디움으로 익힌 등심은 같이 나오는 파무침에 먹으면 끝도 없이 계속 들어간다. 무엇보다 고기를 익힌 판에 그대로 끓여 먹는 된장찌개로 마무리는 필수다.

▲ Since: 1966

▲ 위치: 강원 평창군 대관령면 대관령로 108

▲ 영업시간: 매일 11:00 - 23:00

▲ 가격: 등심 38,000원, 된장찌개 5,000원

Instagram.com/chor_

5. 성남 야탑동 '홍박사 생고기 본관'

질 좋은 한우를 부담 없는 가격으로 만나볼 수 있는 '홍박사 생고기 본관'. 보통 일주일에 3마리 이상의 소를 잡는데, 식당에서 사용하는 부위를 제외한 나머지를 도매가격으로 판매해오며 합리적인 가격대를 유지한다. 소 한 마리를 통째로 작업해 갈빗살과 생등심은 구이용으로 우둔살은 생고기로 선보인다. 일반 정육점형 식당과 달리 별도의 상차림 비용은 부과되지 않으나 고기를 600g 단위로 주문해야 한다. 넓적한 크기와 두툼한 두께를 뽐내며 등장하는 '한우 생등심'이 대표 메뉴다. 은은하게 숯불 향 머금으며 익은 한우 생등심은 입안에서 부드럽게 녹아내린다. 고기를 들여오는 수요일과 금요일에 방문하면 더욱 신선한 한우를 맛볼 수 있다.

식신 초코파이ㅋ 가격도 좋고 양도 많아서 외식하러 가기 딱 좋은 고깃집이에요. 주로 한우 생등심을 먹는데 한 근이 나오는 만큼 접시가 보이지 않을 정도로 가득 담겨 나와요. 생등심은 먹기 좋은 크기로 잘라서 구워 먹으면 편하고 좋더라고요. 숯불에서 구운 고기는 아무것도 안 찍고 먹어도 될 만큼 그 자체로 훌륭해요.

▲ Since: 연도 정확히 알 수 없음, 약 30년 가까이 영업
▲ 위치: 경기 성남 분당구 양현로 447
▲ 영업시간: 매일 11:30 - 22:00
▲ 가격: 한우 생등심 86,000원,
된장찌개 2,000원

풍성하게
터져 나오는 육즙 | 2

돼지구이

'돼지고기'는 대한민국에서 국민 1인당 소비량이 가장 많은 육류다. 목심, 등심, 뒷다리, 앞다리, 삼겹살, 갈빗살, 항정살 등 여러 개로 나뉘는 부위는 각기 다른 맛과 식감을 뽐내며 골라 먹는 재미를 더한다. 다양한 부위만큼이나 돼지고기는 구이, 찜, 볶음, 탕, 조림 등 다채로운 조리 형식으로 발달해왔다. 수많은 돼지 요리 중에서도 특별한 양념 없이 불 위에 고기를 구워 먹는 방식이 가장 대중적이면서도 많은 사랑을 받는다.

돼지고기가 구워지면서 풍겨 나오는 고소한 냄새는 지나가는 발걸음을 붙잡을 만큼 매혹적이다. 최근 이베리코, 버크셔K 등 프리미엄 돼지 품종이 등장하며 돼지 고기계의 판도를 바꿔놓고 있다. 과거엔 돼지고기를 바싹 익혀 먹어야 한다는 인식이 강했으나 프리미엄 돼지 라인은 소고기처럼 미디움으로 조리해 먹었을 때 가장 맛있게 즐길 수 있다. 풍성하게 터져 나오는 육즙과 연한 육질이 어우러지며 소고기 못지않게 고급스러운 맛을 선사한다.

instagram.com/kamkak_2

1. 서울 신당동 '금돼지식당'

버크셔, 요크셔, 듀록 돼지의 교배종인 YBD만 사용하는 '금돼지식당'.
1층은 일반 식당, 2층은 바, 3층은 테라스 좌석으로 층별로 다른 분위기
를 느낄 수 있다. 대표 메뉴 '본삼겹'은 갈빗대가 붙어 있는 삼겹 부위로
쫀득하면서도 탱글탱글한 식감이 일품이다. 특허 받은 청결 연탄으로
고기에 은근한 불맛을 입히며 깊은 풍미를 살린다. 알맞게 익은 본삼겹
은 쫄깃한 살코기 부분과 입안에서 톡 터지는 비계의 고소한 풍미의 조
화가 일품이다. 고기는 처음에 본연의 맛을 느낄 수 있도록 소금에 살짝
찍어 먹고, 이후에는 갈치속젓 또는 간장 소스를 곁들여 먹는 방법을 추
천한다.

식신 출근길퇴근길 특별한 돼지를 이용해서 그런지 그냥 구워 먹어도 맛있어요. 다른 양념도 조합해 먹었는데 고기 자체가 너무 맛있다 보니까 맛을 가리기 싫어서 나중엔 그냥 고기만 먹었는데도 물리지 않고 정말 맛있었어요. 식사로는 김치찌개를 먹었는데 국물이 정말 진해서 고기 먹고 깔끔하게 입가심하기 좋아요.

▲ Since: 2016

▲ 위치: 서울 중구 다산로 149

▲ 영업시간: 평일 12:00 - 01:00, 주말 12:00 - 24:00, B/T(주말) 15:00 - 16:00

▲ 가격: 본삼겹 16,000원, 등목살 16,000원

2. 서울 행당동 '땅코참숯구이 본점'

'땅코참숯구이 본점'은 참숯 직화 조리 방식으로 육즙을 꽉 잡은 돼지고기를 맛볼 수 있다. 참숯 향은 살리고 높은 온도를 유지하기 위해 특별 제작한 주물 판에 고기를 자주 뒤집어가며 바르게 익혀 내는 것이 맛의 비결이다. 대표 메뉴는 마치 스테이크처럼 두툼한 두께를 자랑하는 '목살'. 숙련된 기술의 직원이 처음부터 끝까지 구워준 목살은 풍성한 육즙, 씹을 때마다 퍼지는 고소함, 쫀득한 고기의 결이 완벽한 궁합을 이룬다. 고기와 함께 통으로 구워주는 새송이버섯은 촉촉한 채즙과 향긋하게 퍼지는 버섯 향이 매력적이다. 고기를 주문하면 서비스로 나오는 비지찌개도 별미다. 신김치와 목살이 넉넉하게 들어 있어 푸짐함을 더한다.

식신 후스콜미010 여기서 처음 목살 먹었던 날을 잊지 못한다. 목살을 집어 한 점 먹는 순간 거짓말 안하고 육즙이 정말 팡하고 터져 나왔던 그 맛. 목살이라 고기가 탱글하게 씹히는 맛이 있는데 질긴 느낌 없이 정말 부드럽게 씹힌다. 목살이라 느끼하지도 않고 은은하게 느껴지던 참숯 향도 맛을 배로 살려준 느낌이었다.

▲ Since: 2010
▲ 위치: 서울 성동구 행당로17길 26
▲ 영업시간: 매일 16:00 - 24:00
▲ 가격: 목살 17,000원, 삼겹살 17,000원.

3. 제주 두모리 '연리지가든'

축산진흥원에서 분양받은 재래 흑돼지를 농장에서 방목으로 길러 사용
하는 '연리지가든'. 개체 수 조절을 하고 있어 한정된 수량으로 판매하
다 보니 방문 전 예약은 필수다. 대표 메뉴 '흑돼지구이'는 부위 구별 없
이 인원수대로 준비되는 점이 특징이다. 삼겹살, 목살, 등심, 안심 등 다
양한 부위가 나오며 주문 수량에 따라 구성은 변경될 수 있다. 노릇하게
익은 흑돼지는 부드럽게 씹히는 살코기, 물컹거리지 않고 꼬들꼬들한
비계의 조화로운 맛이 일품이다. 특히 바짝 구운 비계는 느끼함 없이 고
소하면서도 녹진한 맛이 스르르 퍼진다.

식신 김치치즈탕슉 처음 나왔을 때 소고기인가 착각할 정도로 살코기 부분이 붉은색이에요. 흑돼지 특성상 비계가 많아서 느끼하지 않을까 걱정했는데 기우였어요. 적당한 탄력감을 가지고 있어 씹는 맛도 좋고 기분 좋은 고소함이 입에 계속 맴도는 느낌! 흑돼지의 다양한 부위를 이것저것 한번에 맛볼 수 있어 좋았어요.

▲ Since: 2017년부터 현재 자리에서 장사,
　　　　　이전에 20년 넘게 다른 곳에서 운영
▲ 위치: 제주 제주 한경면 두조로 190-20
▲ 영업시간: 매일 12:30 - 19:30, 일요일 휴무
▲ 가격: 고기 1인분 20,000원

4. 서울 신설동 '육전식당 1호점'

'육전식당 1호점'은 숙성 고기 하나로 업계에서도 인정받는 고깃집이다. 양질의 환경에서 자란 돼지를 비법 숙성 과정으로 고기가 지닌 풍미를 한껏 끌어올려 손님상에 낸다. 대표 메뉴는 숙성이 잘 되어 살코기와 지방의 경계가 모호할 정도로 쫀득한 식감을 자랑하는 '통삼겹살'과 부드러운 스테이크를 먹는 듯한 '통목살'. 베테랑 직원들이 불의 세기와 온도, 고기를 올리고 뒤집는 타이밍, 커팅하는 시간 등 모든 요소를 고려하여 고기를 처음부터 끝까지 구워준다. 먹음직스럽게 익은 삼겹살과 목살은 숙성 고기 특유의 고소한 육향과 풍성한 육즙을 선사한다.

식신 무도본방사수 온도계로 불판을 체크하길래 궁금해서 물어보니 고기를 제일 맛있게 구울 수 있는 230~245도가 되어야 고기를 굽는다 하더라고요. 능숙하게 구워주신 고기 한 점 맛보는 순간 이래서 다들 여길 극찬하는구나라고 느꼈어요. 삼겹살은 지방과 살코기가 적절하게 이뤄져 있어 입안 가득 고소함이 쫙 퍼져요!

▲ Since: 2013
▲ 위치: 서울 동대문구 난계로30길 16
▲ 영업시간: 매일 11:00 - 23:00,
    B/T 15:00 - 16:00
▲ 가격: 통삼겹살 15,000원, 통목살 15,000원

야들야들한 살점에
어우러진 감칠맛 | **3**

닭갈비

고추장 양념에 재운 닭갈비를 채소, 떡 등의 재료와 함께 볶아
먹는 '닭갈비'. 닭갈비의 역사는 1960년대 춘천에서 자그마한 선
술집을 운영하던 김영석 씨로부터 시작한다. 돼지 파동으로 돼
지고기를 구하기 어려워지자 닭을 토막 내 돼지갈비처럼 만들어
'닭불고기'라는 이름을 붙여 판매한 것이 닭갈비의 유래다. 저렴
한 가격과 푸짐한 양 덕에 군인 및 학생들에게 많은 인기를 끌며
'대학생 갈비', '서민 갈비'라고도 불렸다.

닭갈비는 두 종류로 나뉘는데, '철판 닭갈비'는 커다란 철판에 먹
기 좋게 손질한 닭고기와 양배추, 고구마, 떡 등의 재료를 넣고 매
콤한 고추장 양념장과 함께 볶아 먹는다. '숯불 닭갈비'는 포처럼
넓적하게 손질한 닭고기를 석쇠 위에 노릇하게 구워낸다. 닭고기
본연의 담백한 맛이 숯불과 만나 은은한 불향의 풍미를 느낄 수
있다. 최근엔 치즈 토핑을 비롯해 해물이나 돈가스 등을 곁들이
는 등 다양한 연령대를 저격하는 새로운 변화를 보이고 있다.

instagram.com/cool

1. 서울 자양동 '계탄집 본점'

참나무 숯으로 초벌구이 과정을 거쳐 촉촉한 육즙이 살아 있는 닭갈비를 맛볼 수 있는 '계탄집 본점'. 식사 전, 서비스로 나오는 닭발 튀김은 바삭한 튀김 옷과 쫀득쫀득한 닭발 식감의 조화가 입맛을 돋워준다. 대표 메뉴 '닭갈비'는 100% 국내산 생닭 다리살만 사용하여 잡내 없이 쫄깃한 육질을 자랑한다. 닭갈비는 국내산 천일염과 마늘즙으로 닭고기 본연의 담백한 맛을 살린 '마늘 소금'부터 달콤짭짤한 소스가 어우러진 '간장 양념', 청양고추와 베트남 고추를 사용하여 화끈한 매운맛을 낸 '매운 양념'까지 세 종류가 있어 기호에 맞게 골라 즐기면 된다. 채소꼬치, 더덕구이 등 닭갈비와 함께 구워 먹기 좋은 사이드 메뉴도 준비되어 있다.

식신 이웃집강아지 기본으로 나오는 닭발 튀김에 맥주 한 잔으로 시작하고 들어갑니다. 닭갈비는 맛별로 주문해서 먹어요. 각각 다른 매력을 뽐내는데 개인적으로 마늘 소금이 닭고기가 지닌 고소함을 가장 잘 느낄 수 있는 것 같아요. 매콤한 매운 양념은 치즈 퐁듀 시켜서 찍어 먹으면 아주 찰 떡궁합이에요.

▲ Since: 2015

▲ 위치: 서울 광진구 능동로 31

▲ 영업시간: 매일 12:30 - 01:30, 코로나 이전 목요일만 17:00에 오픈

▲ 가격: 마늘 소금 12,000원, 닭발 튀김 5,000원

2. 춘천 중앙로2가 '원조 숯불 닭불고기'

'원조 숯불 닭불고기'는 매콤한 닭갈비와 오돌뼈 닭갈비, 닭내장구이, 닭똥집구이 등 닭 한 마리에서 나오는 여러 부위로 다양한 음식을 선보인다. 대표 메뉴 '닭갈비'는 닭 다리살과 허벅지살로만 이루어진 '뼈 없는 닭갈비'와 닭 다리살에 가슴살이 포함된 '뼈 있는 닭갈비' 두 종류가 준비되어 있다. 불그스름한 양념 옷을 입은 닭갈비는 숯불 위에서 자주 뒤집어가며 구워 주면 된다. 야들야들한 살점을 자랑하는 닭고기는 은 근하게 스며들어 있는 숯불 향이 풍미를 한층 살려준다. 집된장으로 맛을 낸 국물에 호박, 두부, 고추를 넣어 구수하면서도 칼칼한 맛을 살린 '된장찌개'도 식사 메뉴로 즐겨 찾는다.

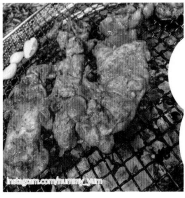

식신 쪼꼬렛마이쩡 춘천 여행 마지막 코스로 들렀던 닭갈비 집. 강렬한 비주얼과 함께 등장하는 '뼈 없는 닭갈비'는 속까지 간이 잘 배어 있어 따로 양념을 찍지 않아도 간간함. 아들아들한 닭고기살과 감칠맛 가득한 양념 맛 덕에 물리지 않고 쭉쭉 들어감. 깻잎에 닭갈비와 부추 무침 올려 싸 먹으면 향긋한 맛이 엄지 척!

▲ Since: 1961

▲ 위치: 강원 춘천 낙원길 28-4

▲ 영업시간: : 매일 10:30 - 21:00

▲ 가격: 뼈 없는 닭갈비 11,000원,
　　　　　뼈 있는 닭갈비 11,000원

3. 서울 구로동 '강촌 숯불 닭갈비 본점'

숯불 화로를 이용하여 은은한 불 향 머금은 닭갈비를 선보이는 '강촌 숯
불 닭갈비 본점'. 대표 메뉴 '숯불 닭갈비'는 신선한 생닭 넓적다리살에
특제 양념장을 발라 하루 정도 숙성시켜 제공한다. 고춧가루와 간장에
다진 파를 듬뿍 넣어 만든 양념장은 간이 세지 않아 닭고기 고유의 맛을
해치지 않고 부드러운 감칠맛을 더한다. 노릇노릇하게 익은 닭갈비는
매콤한 소스부터, 쌈무, 깻잎장아찌 등 다양한 밑반찬을 입맛에 맞게 곁
들여 먹는 재미도 쏠쏠하다. 오동통한 닭목살을 소금 양념만 하여 구워
즐기는 '닭목살소금구이'도 인기다. 탱글탱글한 식감과 뒤이어 입안 가
득 퍼지는 고소한 맛이 일품이다.

식신 비타민젤리 양념이 자극적이지 않아 부담 없이 먹을 수 있는 숯불 닭갈비 맛집이다. 숯불 향과 함께 익은 닭갈비는 먹기 전 풍기는 향부터 맛있다는 걸 직감적으로 느껴진다. 살짝 바삭하게 익은 껍질과 야들야들한 살코기는 끝까지 촉촉한 식감이 유지되었다. 밑반찬으로 나온 깻잎장아찌에 싸서 먹는 조합도 추천한다.

▲ Since: 2012
▲ 위치: 서울 구로구 공원로6나길 35-2
▲ 영업시간: 평일 15:00 - 22:00, 주말 14:30 - 22:00, 첫째, 셋째 월요일 휴무
▲ 가격: 숯불 닭갈비 12,000원, 닭목살소금구이 13,000원

instagram.com/361.gb

4. 춘천 천전리 '춘천 통나무집 닭갈비'

'춘천 통나무집 닭갈비'는 춘천 신북읍 닭갈비 골목에 첫 번째로 문을 연 철판 닭갈비 전문점이다. 주말이 되면 전국 각지에서 하루 평균 2,000~3,000명의 손님이 찾아올 정도로 소문난 곳이다. 대표 메뉴는 동그란 철판 위에서 양배추, 깻잎, 대파, 고구마, 잘 손질된 닭고기를 특제 양념과 함께 볶아 즐기는 '닭갈비'. 고추장에 소주, 마늘, 생강, 양파즙을 첨가하여 깊은 맛을 낸 양념장이 감칠맛을 한껏 살려준다. 채소들이 익으며 우러나온 은은한 단맛과 매콤달콤한 양념이 어우러진 닭고기의 촉촉한 살점이 매력적이다. 고기를 먹고 남은 양념에 밥과 김가루를 넣고 볶아 먹는 '볶음밥'도 꼭 맛봐야 하는 별미다.

식신 몽이 개인적으로 춘천 닭갈비 집 중 최고 맛있다고 생각하는 곳이에요. 기본 웨이팅이 있지만 기다려서 먹어도 후회 안 할 만큼 맛있어요. 별관 3층까지 있어서 자리 걱정은 거의 없고요. 음식도 빠르게 세팅돼요. 맛있게 매콤해요. 특히 같이 나오는 물김치는 진짜 맛있어요. 볶음밥도 진짜 맛있으니 꼭 드세요.

▲ Since: 1978

▲ 위치: 강원 춘천 신북읍 신샘밭로 763

▲ 영업시간: 매일 10:30 - 21:30

▲ 가격: 닭갈비 12,000원, 닭내장 12,000원

5. 춘천 근화동 '상호네닭갈비'

붉은색 바탕에 노란색과 하얀색 글씨로 상호가 적힌 간판이 시선을 사로잡는 '상호네닭갈비'. 국내산 닭고기와 돼지고기를 숯불에 구워 먹는 자그마한 동네 고깃집이다. 넓적하게 포를 뜬 닭다리살에 매콤달콤한 양념 옷을 입혀 제공하는 '양념닭갈비'가 대표 메뉴다. 1인분 기준 약 400g이 나와 가격대비 푸짐한 양을 즐길 수 있다. 숯불 위에서 타지 않게 자주 뒤집어가며 구워 주는 것이 중요하다. 인고의 시간 끝에 완성한 닭갈비는 촉촉한 육즙과 그윽한 불 향을 고스란히 머금고 있다. 짜거나 자극적이지 않은 양념 맛 덕에 닭고기 본연의 담백함을 느낄 수 있다. 아삭한 무생채를 곁들여 새콤한 감칠맛을 더해도 좋다.

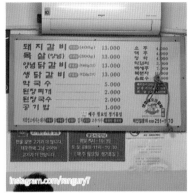

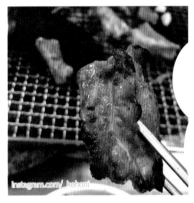

식신 과식의정석 춘천에서 현지인들 사이에서 소문난 닭갈비 맛집이다. 닭갈비 1인분을 주문하면 3대가 나온다. 불 맛 입혀가며 익힌 닭갈비는 노릇하게 익은 껍질이랑 야들야들한 살점이 젓가락을 놓을 수 없게 하는 맛. 막국수나 된장국수 시켜서 면발에 닭갈비 감싸서 먹어도 아주 맛있쥬~

▲ Since: 1988
▲ 위치: 강원 춘천 공지로 442-33
▲ 영업시간: 평일 17:00 - 22:30
　　　　　　주말 11:00 - 22:30, 월요일 휴무
▲ 가격: 양념닭갈비 14,000원,
　　　　생닭갈비 14,000원

고소하고 쫄깃한
소주 친구

4

차돌박이

'차돌박이'는 소 한 마리에서 약 2.2kg 정도 생산되며, 소의 앞가슴 갈비뼈 아래쪽에 위치해 있다. 희고 단단한 지방을 포함한 근육 부위로, 폭 약 15cm 정도의 크기로 분리해 정형한 것이다. 차돌박이라는 이름은 결을 따라 고기를 직각으로 썰면 흰색 지방이 살코기 속에 차돌처럼 박혀 있는 것처럼 보이는 것에서 유래되었다.

차돌 부위의 지방은 단단하기 때문에 주로 얇게 썰어 조리한다. 두꺼운 지방층과 얇은 근내지방이 섞여 있어 구워 먹었을 때 짙은 고소함을 가장 잘 느낄 수 있다. 달궈진 불판 위에서 두어 번 뒤집으면 바로 익기 때문에 기다림 없이 곧바로 즐길 수 있다. 차돌박이만이 갖는 고소한 맛은 된장찌개나 고추장찌개에 기름진 풍미를 더해 주기도 한다. 최근에는 초밥, 덮밥, 떡볶이 등 차돌박이를 활용한 음식들이 다양하게 등장하고 있다.

instagram.com/simdan

1. 서울 삼각지 '봉산집 본점'

빨간색으로 차돌백이 전문이라 적혀 있는 간판에서 남다른 포스가 느껴지는 '봉산집 본점'. 차돌박이를 포함하여 양, 사태 등 사장님이 직접 부위별로 고기를 다듬어 판매한다. 대표 메뉴인 '차돌박이'는 은색 접시 위로 투박하게 쌓여 나온다. 이 집의 인기 비결은 간장과 식초로 만든 베이스에 대파와 고추를 듬뿍 썰어 넣은 특제 소스다. 달짝지근한 맛의 간장 소스는 청양고추의 알싸한 매운맛이 더해져 차돌박이의 기름진 맛을 깔끔하게 즐길 수 있도록 해준다. 보릿가루가 들어간 막장과 각종 양념, 차돌박이, 양배추를 넣고 끓여 낸 '차돌막장찌개'도 인기다. 진득한 찌개에 밥을 말아 잘 익은 묵은지를 올려 먹으면 더할 나위 없는 한 끼 식사가 완성된다.

식신 마이동풍 살짝 익힌 차돌박이는 간장 소스에 찍어 먹는 순간 술을 절로 주문하게 하는 맛이다. 기름기 잘잘 흐르는 차돌박이는 소스뿐만 아니라 양배추나 묵은지에 싸서 먹는 방법도 맛있어요. 아무리 배불러도 꼭 먹어야 하는 차돌막장찌개는 구수한 막장이랑 차돌의 기름진 맛이 어우러져 국물 맛이 깊어요

▲ Since: 1962
▲ 위치: 서울 용산구 한강대로62나길 24
▲ 영업시간: 매일 11:30 - 22:00
▲ 가격: 차돌박이 22,000원,
　　　차돌막장찌개(2인분) 10,000원

instagram.com/seishu08

2. 서울 한강로1가 '평양집'

'평양집'은 곱창, 염통, 콩팥, 소 등골 등 소 특수 부위를 전문적으로 취급하는 곳이다. 이른 시간부터 영업을 시작해 고기를 찾는 저녁 손님뿐만 아니라 아침식사를 위해 방문하는 손님들도 많이 볼 수 있다. 대표 메뉴는 두께감 있게 썰어 씹는 맛을 살린 '차돌박이'. 직접 주문 제작한 철근 석쇠에서 노릇하게 구워낸 차돌박이는 쫄깃한 식감과 묵직하게 맴도는 고소함이 매력적이다. 사골 베이스 국물에 내장과 토렴 된 밥을 담아 나오는 '내장곰탕'도 인기다. 진득한 국물과 푸짐하게 들어간 내장이 속을 든든하게 채워준다. 내장곰탕은 평일은 오후 5시, 주말은 오후 8시까지만 주문할 수 있다.

식신 알림몬1313 소에서 나오는 여러 부위를 도전해 볼 수 있는 곳이지요. 다른 부위도 다 좋지만 역시 여기 으뜸은 차돌박이가 아닐까 싶네요. 일반 차돌박이보다 조금 두껍게 썰어서 고기의 향과 맛이 조금 더 진한 느낌이에요. 잘 구워진 차돌박이는 간장 소스에 푹 적셔 입에 넣으면 세상 그렇게 맛있을 수가 없네요.

▲ Since: 1973
▲ 위치: 서울 용산구 한강대로 186
▲ 영업시간: 매일 07:00 - 21:30
▲ 가격: 차돌박이 26,000원,
　　　　내장곰탕 10,000원

Instagram.com/kasusu

3. 서울 보광동 '대성정육식당'

육회를 제외한 국내산 한우와 돼지고기를 근 단위로만 판매하는 '대성 정육시당'. 늦은 오후부터 다음날 새벽까지 영업하기 때문에 밤새 술 마시기 좋은 공간이다. 대표 메뉴 '한우 차돌박이'는 동그란 접시 위로 고기를 수북하게 쌓아 제공한다. 뜨거운 불판 위에서 서너 번의 집게질로 완벽하게 익은 차돌박이는 짙은 육향과 고소함을 선사한다. 밑반찬으로 내어주는 묵은지는 고기의 맛을 한층 살려주는 일등공신이다. 차돌박이 에서 흘러나오는 기름에 묵은지를 구워 고기에 싸 먹으면 짙은 감칠맛을 느낄 수 있다. 새콤한 김치가 차돌박이의 기름진 맛을 잡아주는 것과 동시에 감칠맛을 끌어 올려준다.

식신 닉네임어려워 지드래곤 단골 맛집이라 해서 찾아가 봤는데 진짜 맛집이었어요. 근 단위로 판매하다 보니까 단체로 가서 먹기 좋더라구요. 고기를 주문하면 나오는 저 묵은지는 진짜 집에 싸가고 싶을 만큼 넘 맛있었습니다. 차돌박이는 지방이랑 살 부분이 아주 적절한 비율로 이루어져 있어 고소함이 남달랐어요~

▲ Since: 1990
▲ 위치: 서울 용산구 서빙고로95길 22
▲ 영업시간: 매일 16:00 - 06:00
▲ 가격: 한우 차돌박이 78,000원,
　　냉동 삼겹살 40,000원

instagram.com/realist_groon

4. 서울 한강로1가 '풍성집'

'풍성집'은 국내산 암소 한우와 암돼지, 10년간 숙성한 천일염, 고흥 쌀 등 질 좋은 재료에 대한 뚝심을 지켜오고 있다. 대표 메뉴는 전남산 암소 한우를 옛 방식 그대로 칼로 직접 썰어 낸 '차돌박이'. 두툼한 두께지만 저온 숙성 과정을 거쳐 질기지 않고 쫄깃한 식감을 즐길 수 있다. 통후추와 고추씨가 들어간 간장소스를 곁들이면 고소하고 단단한 풍미가 더욱 살아난다. 알싸한 간장 소스가 차돌박이 특유의 느끼함을 덜어주는 것과 동시에 뒷맛을 깔끔하게 잡아준다. 고기를 다 먹은 후엔 냉이와 한우를 듬뿍 넣어 끓인 '한우 된장찌개'에 공깃밥이나 라면사리를 자작하게 말아 든든한 마무리를 하길 권한다.

식신 출근길퇴근길 매장 분위기도 가정집에 온 것처럼 푸근해요. 예스러운 느낌으로 썰려 나오는 차돌박이는 도톰해서 육질을 그대로 느낄 수 있다는 점! 마성의 맛을 자랑하는 특제 소스를 포함해 무생채, 백김치 등등 다양한 밑반찬과 조합해 먹다 보면 어느새 한 판 클리어~ 차돌박이 외 다른 고기도 질이 정말 좋아요!

▲ Since: 1982
▲ 위치: 서울 용산구 한강대로62길 38
▲ 영업시간: 매일 11:30 - 21:30,
　　　　　　B/T 15:00 - 17:00, 일요일 휴무
▲ 가격: 차돌박이 26,000원,
　　　　숙성 한우 등심 32,000원

계속 생각나는
추억의 맛 | 5

냉동 삼겹살

화장과 패션의 유행이 돌고 돌듯이, 음식에도 유행이 있다. 두툼한 두께와 풍성한 육즙을 자랑하는 제주식 근고기가 인기를 끌더니 레트로 열풍이 찾아오며 '냉동 삼겹살'이 다시 떠오르고 있다. 냉동 삼겹살은 고기가 질길 것이라는 오해가 있다. 하지만 요즘 냉동 삼겹살은 단순히 냉동고기가 아닌, 질 좋은 생고기를 숙성 후 신선함을 유지할 수 있도록 급속 냉동하여 쫄깃한 식감과 깊은 풍미를 선사한다.

노릇노릇하게 익은 냉동 삼겹살은 그 자체로도 매력적이지만, 맛을 배로 올려주는 감초들이 있다. 고소함을 더 해주는 기름장과 느끼함을 잡아주는 파무침은 냉동 삼겹살을 먹을 때 빠질 수 없는 조합이다. 고기를 먹고 난 뒤, 삼겹살에서 흘러나온 기름에 공깃밥, 잘게 다진 고기, 김가루를 넣어 볶아 먹는 볶음밥은 선택이 아닌 필수다. 추억의 맛이 담긴 냉동 삼겹살은 기성세대에게는 어린 시절의 향수를, 20대에게는 색다른 경험을 선사한다.

1. 서울 논현동 '대삼식당'

빨간색으로 앙증맞은 돼지 그림이 그려진 간판이 반겨주는 '대삼식당'. 마장동에서 고깃집을 운영하는 대표의 부모님으로부터 질 좋은 한돈만 받아 사용한다. 대표 메뉴 '삼겹살'은 급랭한 한돈을 주문과 동시에 썰어 제공한다. 냉동 삼겹살 중에서도 두툼한 두께를 뽐내는 삼겹살은 부드러우면서도 쫄깃한 식감이 매력적이다. 입맛 돋워주는 매콤새콤한 파절임은 삼겹살을 싸 먹거나 불판에 올려 구워 먹어도 좋다. 먹고 남은 파절임, 김치, 고기와 밥을 함께 볶아 먹는 '볶음밥'도 빼놓을 수 없다. 삼겹살에서 나온 돼지기름을 살짝 넣어 풍미를 살린 점이 특징이다. 볶음밥에는 기호에 따라 달걀 프라이를 추가할 수 있다.

식신 무도본방사수 삼겹살은 지방과 살코 기 부분이 딱 적절한 비율로 이루어져 있 어 느끼하지 않아 좋았어요. 고기 기름에 김치, 파절임, 마늘 같이 구워 먹으면 얼마 나 맛있게요~~ 배가 고파 섞어찌개도 주 문했는데 고기와 버섯이 팍팍 들어가 있어 좋았어요! 볶음밥은 달걀 추가해 노른자 톡 터트려 먹어야 제맛이쥬~

▲ Since: 2016

▲ 위치: 서울 강남구 학동로41길 23

▲ 영업시간: 매일 17:00 - 24:00, 일요일 휴무

▲ 가격: 삼겹살 13,000원, 볶음밥 2,000원

2. 서울 한남동 '나리의집'

'나리의집'은 주황빛 타일 벽지가 정겨운 분위기를 살려준다. 식사를 주문하면 달걀말이, 파무침, 오이무침, 콩나물무침 등 집밥 같은 푸근한 상차림이 차려진다. 대표 메뉴는 생고기를 숙성과 얼리는 과정을 반복해 쫄깃한 질감을 살린 '삼겹살'. 영롱한 핑크빛을 뽐내며 등장하는 삼겹살은 옛 스타일 그대로 얇게 썰어 나온다. 주문하면 바로 무쳐 나오는 파절임은 한결같은 맛을 유지하기 위해 지금도 파를 일일이 썰어 만든다. 식사 메뉴로는 주인장이 손수 띄워 만든 '청국장백반'이 인기다. 청국장 특유의 꼬릿한 맛을 줄이고 구수한 맛을 강조해 부담 없이 먹기 좋다.

식신 정털이 진짜 옛날 냉동 삼겹살 맛과 식감이 그대로 전해지는 곳이다. 삼겹살 구울 때 후추를 톡톡 뿌려 구우면 추억의 맛 그 자체! 메인만큼 인기 많은 파절임은 무쳐 나오는 양념이 맛있어서 고기 없이 먹어도 맛남! 고기와 같이 먹기 좋은 찌개는 청국장, 된장, 순두부, 김치가 있는데 하나하나 맛이 다 진국이다.

▲ Since: 연도 알 수 없음
▲ 위치: 서울 용산구 이태원로 245
▲ 영업시간: 월 - 목요일 14:00 - 01:00,
　　　　　금 - 토요일 14:00 - 02:00,
　　　　　일요일 16:00 - 01:00,
　　　　　둘째, 넷째 일요일 휴무
▲ 가격: 삼겹살 13,000원,
　　　　청국장백반 7,000원

instagram.com/star_ta

3. 서울 입정동 '전주집'

을지로 철공소 골목 깊숙한 곳에 위치한 '전주집'. 듬성듬성 색이 벗겨
진 간판에서 지나온 세월의 흔적을 짐작할 수 있다. 대표 메뉴 '목삼겹
살'은 급속으로 냉동시킨 목살 부위를 동그란 모양으로 썰어 제공한다.
국내산 생고기로 만든 목삼겹살은 삼겹살보다 기름기가 적어 담백한
맛이 돋보인다. 파무침은 위에 달걀노른자를 올려 녹진한 고소함을 더
했다. 반찬으로 나오는 부추, 콩나물을 고기와 함께 구워 쌈을 싸 먹으
면 한층 풍성한 식감과 맛을 경험할 수 있다. 고기와 채소를 먹기 좋은
크기로 잘라 밥과 함께 볶아 먹는 '마무리 볶음밥 한공기'는 바삭하게
만들어진 누룽지까지 긁어먹는 재미가 있다.

식신 니모를찾아라 목삼겹살은 굽고 나서도 크기가 큼직한데 야들야들해서 자르지 않고 한입에 넣고 먹기 좋아요. 파무침은 달걀노른자 맛이 더해져서 그런지 맛이 자극적이지 않고 부드러워 고기랑 잘 어울렸어요. 볶음은 고기가 어느 정도 넣어야 맛있으니까 다 먹지 말고 조금 남겼다가 꼭 볶아 먹길 바랍니다~

▲ Since: 1989
▲ 위치: 서울 중구 충무로11길 18-8
▲ 영업시간: 매일 11:00 - 22:00,
　　　　　　B/T 14:30 - 16:00, 일요일 휴무
▲ 가격: 목삼겹살 12,000원
　　　　마무리 볶음밥 한공기 2,000원

4. 서울 서울역 '명동집'

'명동집'은 서울역 인근에서 오랜 시간 동안 인근 주민들과 여행객들의
끼니를 책임져오고 있다. '삼겹살'부터 '김치찌개', '오징어볶음', '황태
북어국' 등 안주와 식사 메뉴를 두루두루 갖추고 있다. 도축한 지 3일 된
신선한 국내산 암퇘지를 선보이는 '삼겹살'이 대표 메뉴다. 급랭 과정을
통해 세포질이 살아난 고기를 두툼하게 썰어 씹는 식감을 살렸다. 불판
모서리에는 식빵을 둘러 기름기를 잡아준다. 맛있는 냄새를 풍기며 불
판 위에서 쫄깃하게 익은 삼겹살의 고소한 맛은 소주를 절로 부르는 맛
이다. 후식으로 볶음밥을 주문하면 구수한 된장찌개가 서비스로 나와
푸짐함을 더한다.

식신 이웃집강아지 서울역 인근 자주 다녔는데 진짜 아는 사람들은 다 아는 맛집이에요. 냉동이 아닌 일반 삼겹살처럼 두께가 두꺼워서 고기의 고소함이 진하게 밀려오는 것 같았어요. 고기 먹으면 코스처럼 먹어야 하는 볶음밥도 고슬고슬하게 잘 볶아졌고 간도 싱겁거나 짜지도 않고 알맞게 딱 맞아 기분 좋았어요~

▲ Since: 1989

▲ 위치: 서울 중구 통일로 22-14

▲ 영업시간: 평일 11:30 - 22:30,
　　　　　　B/T 15:00 - 17:00, 주말 휴무

▲ 가격: 삼겹살 13,000원,
　　　　참치김치찌개 7,000원

씹을수록 고소한
마성의 풍미

6

곱창

'곱창'은 콜라겐, 탄력 섬유 등을 많이 함유한 소의 소장을 일컫는다. 깨끗하게 손질된 곱창은 구이, 전골, 볶음 등의 요리에 사용되며 특유의 기름진 맛으로 고소한 감칠맛을 더해주는 재료다. 먼저 핏물을 충분히 빼고, 마늘이나 생강, 산초, 후추 등을 사용해 냄새를 제거해야 한다. 또한, 곱창 표면에 붙은 하얀 기름을 손질한 후 밀가루와 소금을 넣고 주물러 여러 번 씻어내야 냄새를 말끔히 잡을 수 있다.

노릇하게 구워낸 곱창은 쫄깃함으로 시작해 입안 가득 부드럽게 퍼지는 고소함을 선사한다. 특유의 기름진 맛 덕에 애주가 중에서는 소주와 곱창의 조화를 좋아하는 사람들이 많다. 고단백 저콜레스테롤 식품인 곱창은 술안주로 먹었을 때 분해 작용이 뛰어나 위벽 보호, 알코올 분해, 소화 촉진 등의 작용을 하는 것으로 알려졌다. 곱창을 먹을 때 소주가 빠지지 않는 이유다. 곱창과 함께 염통, 양, 대창 등의 다양한 내장 부위를 곁들이면 식감도 즐거움도 배가된다.

instagram.com/33.number.in

1. 서울 청담동 '삼성원조양곱창'

청담 경기고 사거리에서 오랜 시간 자리를 지켜오고 있는 '삼성원조양
곱창'. 차승원, 한고은, 지드래곤 등 유명 연예인들의 단골집으로도 잘
알려진 곳이다. 매일같이 공수해오는 신선한 한우 곱창과 양을 직접 손
질하여 제공한다. 대표 메뉴 '곱창'은 초벌구이한 곱창을 양파와 감자
를 곁들여 돌판에 올려 제공한다. 신선한 곱이 꽉 차 있어 씹을 때마다
터져 나오는 고소한 풍미가 일품이다. 청양고추와 양파를 잘게 썰어 알
싸한 맛을 살린 특제 양념장은 곱창의 느끼한 맛을 잡아주는 역할을 톡
톡히 한다. 두부와 호박 등을 넣어 걸쭉하게 끓여낸 '청국장'으로 마무
리하기 좋다. 쿰쿰한 맛은 줄이고 구수한 맛을 강조해 부담 없이 먹기
좋다.

294

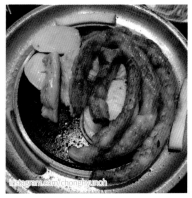

식신 자양동지킴이 곱창 안에 곱이 빈틈없이 차 있어서 식감과 맛이 다르다. 겉면은 바삭! 안에는 촉촉한 곱이 가득 들어 있어 한 번 맛보면 빠져나올 수 없다. 반찬으로 나오는 상추무침, 김치, 소스 등 하나하나 다 곱창이랑 너무 잘 어울려서 계속 번갈아 가면서 먹었다. 테이블이 6개밖에 없어서 웨이팅은 필수~

▲ Since: 연도 정확히 알 수 없음, 약 30년 넘게
　　　영업
▲ 위치: 서울 강남구 학동로101길 7
▲ 영업시간: 매일 13:00 - 23:00, 일요일 휴무
▲ 가격: 곱창 26,000원, 양곱창 28,000원

instagram.com/jipark080

2. 서울 도화동 '대두소곱창'

'대두소곱창'은 당일 도축한 신선한 소의 A급 부속물만 사용한다. 열 전도율이 높은 돌판을 이용하여 빠르고 균일하게 다양한 내장 부위를 구워낸다. 대표 메뉴는 곱창, 양깃머리, 막창, 홍창의 구성을 한번에 즐길 수 있는 '모듬구이'. 고소한 곱이 실하게 차 있는 곱창을 시작으로 뽀득뽀득하게 씹히는 양깃머리, 적당한 탄력감과 담백한 맛이 돋보이는 막창, 짙은 고소함이 뿜어져 나오는 홍창까지 각 부위별로 다른 맛과 식감을 선사하며 골라 먹는 재미를 더한다. 특히, 일반 곱창보다 두툼한 두께를 자랑하는 '곱창구이'가 가장 인기다. 쫄깃쫄깃한 식감과 녹진한 곱의 조화가 매력적으로 다가온다.

식신 평발마라토너 사장님이 친절하게 구워주셔서 더 맛있게 먹고 왔어요. 곱창은 두꺼운 편인데 하나도 안 질기고 안에 곱도 많이 들어 있고 최고 존엄의 맛이었어요. 같이 나온 부추를 같이 구워 먹으면 향긋하니 맛나요~ 식사로 곱창라면을 주문했는데 칼칼한 국물에 곱창의 맛이 우러나서 마무리하기 딱 좋아요~

▲ Since: 연도 알 수 없음

▲ 위치: 서울 마포구 새창로 36

▲ 영업시간: 매일 18:00 - 22:00

▲ 가격: 모듬구이 49,000원,
　　　　곱창구이 23,000원

곱창 **297**

instagram.com/kojinbc

3. 서울 을지로3가 '양미옥 을지로 본점'

과거 김대중 전 대통령이 즐겨 찾았던 곳으로 잘 알려진 '양미옥 을지로 본점'. 창업자인 탁승호 대표가 부산 오막집에서 배운 양·대창구이를 서울식으로 재해석하여 선보이는 곳이다. 붉은 양념에 버무려 자작하게 담겨 나오는 '특양'과 '대창'이 대표 메뉴다. 특양과 대창은 숯불 위에서 초벌로 구워 준 다음 그릇에 남은 양념을 입혀 다시 한 번 구워 양념이 깊숙하게 스며들도록 한다. 대창에서 나온 기름기가 양에 적당히 어우러지며 풍미를 한층 살려줄 수 있도록 특양과 대창을 2:1 비율로 먹는 걸 추천한다. 서걱서걱하게 씹히며 부드럽게 녹아내리는 특양과 묵직한 고소한 맛으로 혀를 감싸는 대창의 조화가 소주를 절로 부른다.

차 림 표

		10,000
양 곰 탕 (점심)	33,000	
특 대 양	32,000	
대 곰 창 창 비	33,000	
갈	38,000	
곰 창 전 골 (점심)	22,000	
설 렁 탕 (점심)	8,000	
물 냉 면	9,000	
회 냉 면	10,000	
비 빔 냉 면	9,000	
된 장 찌 개	7,000	

식신 로즈로우 초원에서 목초를 먹고 자라는 뉴질랜드산 소 특양만 사용해서 그런지 두께나 크기가 장난 아니에요… 질기지 않게 살짝만 익혀 낸 특양은 특유의 식감과 맛이 살아 있어요. 양념은 짙은 빨간색이지만 자극적이진 않고 감칠맛을 제대로 살려주는 느낌! 전반적으로 잡내도 안 나고 신선한 느낌이 가득해요~

▲ Since: 1992

▲ 위치: 서울 중구 충무로 62

▲ 영업시간: 매일 11:00 - 22:00

▲ 가격: 특양 33,000원, 대창 32,000원

4. 부산 중동 '해성막창집 본점'

'해성막창집 본점'은 국내산 한우의 막창과 대창을 합리적인 가격으로
즐길 수 있는 곳이다. 부담 없는 가격으로 선보이는 대신 구이류는 첫
주문 시 3인분 이상, 추가 주문 시 2인분 이상, 전골은 인원수에 맞게
주문해야 하는 규칙이 있다. 대표 메뉴는 다진 마늘 양념에 버무려 나
오는 '소 막창'과 '대창'. 통통한 두께를 자랑하는 막창은 바삭한 겉면
과 탱탱한 속면의 대비되는 식감이 씹는 재미를 살려준다. 소시지 같이
길쭉한 대창은 반으로 잘라 앞뒤로 노릇하게 구워 기름층의 고소한 맛
을 충분히 음미할 수 있다. 매콤한 국물에 곱창의 진득함이 녹아든 '곱
창전골'로 칼칼하게 마무리하기 좋다.

식신 아로하 진짜 가격이 저렴해서 원하는 만큼 넉넉하게 시켜 먹기 좋아요. 막창이랑 대창은 같이 나온 소스랑 같이 먹으면 느끼하지도 않고 쭉쭉 들어갑니다. 곱창전골도 같이 주문해서 먹었는데 국물이 얼큰해서 구이 먹을 때 중간중간 같이 먹기 좋아요. 마지막엔 볶음밥까지 볶아서 있는 메뉴 다 먹고 왔네요!

▲ Since: 년도 정확히 알 수 없음, 2004년 전후로 예측

▲ 위치: 부산 해운대구 중동1로19번길 29

▲ 영업시간: 매일 16:30 - 02:00, 일요일 휴무

▲ 가격: 소 막창 10,000원, 대창 10,000원

5. 서울 청룡동 '황소곱창'

곱창의 자부심이라는 문구를 간판에 당당하게 내건 '황소곱창'. 옹기
종기 놓인 둥그런 테이블, 군데군데 붙어 있는 주류 포스터, 단조로운
구성의 메뉴판으로 꾸며진 내부는 소박한 선술집에 온 듯한 느낌을 준
다. 대표 메뉴 '곱창(만)구이'는 얼리지 않은 100% 국내산 황소 곱창만
내놓는다. 성인 손가락 수준의 두툼한 두께를 뽐내는 곱창을 무쇠 판에
서 양파, 감자와 함께 익힌다. 적당량의 기름층을 살린 곱창은 소기름
을 촉촉하게 머금어 소 곱창 특유의 진한 풍미를 그대로 느낄 수 있다.
곱창을 포함하여 막창, 대창, 모둠 등 구이류는 2인분 이상씩 주문이 가
능하다.

식신 헬라루찌 건물 외관부터 오래된 포스가 느껴지는 곳. 다른 부위보다 곱창을 좋아해서 곱창만 구이로 먹었는데 크기, 식감, 맛 어느 하나 부족하지 않고 완벽한 곱창이다. 다소 비싸다고 느낄 수 있는 가격이지만 이 정도 맛과 퀄리티라면 충분히 지불할 만한 가치가 있다. 볶음밥도 어디에 지지 않으니 꼭 맛보길!

▲ Since: 1994
▲ 위치: 서울 관악구 관악로15길 39
▲ 영업시간: 월 - 토요일 17:00 - 22:00,
　　　　　　일요일 16:00 - 21:00
▲ 가격: 곱창(만)구이 48,000원,
　　　　곱창모둠구이 44,000원

한 번 맛보면 빠져나올 수 없는

양갈비 | 7

칼슘, 철분, 단백질, 비타민 등 다양한 영양소를 지니고 있어
보양식으로 즐기기 좋은 '양고기'. 돼지고기나 소고기보다 연한
육질을 자랑하지만, 지방질과 뷰티르산의 높은 함유로 특유의
냄새가 나 쉽게 다가가지 못하는 육류였다. 익숙지 않은 향으로
소수의 마니아층만 즐겨 찾던 음식이었다. 하지만 잡내가 거의
없는 1년 이하의 양고기 유통이 수월해지면서부터 인기가 급부
상하기 시작했다. 양고기는 크게 생후 17개월 이상의 성인 양고
기 '머튼'과 생후 12개월 미만의 어린 양고기 '램'으로 나뉜다.
양고기는 나이가 먹을수록 식감이 질겨지고 꼬릿꼬릿한 특유의
냄새가 강해진다. 머튼을 주로 이용하던 과거엔 이러한 이유로
양고기는 호불호가 갈렸지만, 육질이 부드럽고 고소한 맛이 일
품인 램을 사용하는 음식점들이 하나둘 생겨나며 양고기에 대한
인식이 바뀌고 시작했다. 특히 숯불에서 구워 먹는 '양갈비'는 진
한 양념이나 향신료 없이 소금, 후추로만 살짝 간을 하여 본연의
맛과 풍미를 가장 잘 느낄 수 있다. 통째로 구워 즐기는 양갈비는
짙은 감칠맛과 촉촉하게 살아 있는 육즙으로 미식가들의 입맛을
사로잡고 있다.

instagram.com/hyofoodie

1. 서울 용강동 '램랜드'

'램랜드'는 구이, 전골, 수육, 탕 등 한국식 조리법으로 선보이는 양고기 요리를 만나볼 수 있다. 넓은 공간과 단체석을 보유하고 있어 모임이나 회식 장소로도 인기를 끈다. 대표 메뉴는 양고기 등심을 갈비뼈를 따라 정형한 '삼각갈비'. 별도의 숙성 과정 없이 소금과 후추로 밑간해 제공할 만큼 고기 신선도에 대한 자부심이 있다. 불판 위에서 노릇하게 익은 고기는 지방이 적어 담백하면서도 고소한 맛을 동시에 느낄 수 있다. 기본으로 제공되는 토르티야에 잘 익은 양고기 한 점과 겨자 소스, 옥수수샐러드, 올리브, 구운 양파를 싸서 먹으면 케밥을 먹는 듯한 색다른 느낌을 준다.

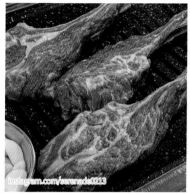

식신 가을소녀 양고기를 못 먹던 제가 여기서 삼각갈비는 마지막 잡고 뜯었어요. 어린 양을 사용해서 냄새도 하나 안 나고 엄청 야들야들해요. 토르티야는 그냥 먹는 것보다 양고기에서 나온 기름에 살짝 구워 먹으면 더 맛있게 먹을 수 있는 팁이에요! 전골은 들깻가루가 듬뿍 들어가 국물이 진득하니 맛나요~

▲ Since: 1991

▲ 위치: 서울 마포구 토정로 255

▲ 영업시간: 매일 11:30 - 22:00

▲ 가격: 삼각갈비 25,000원, 수육 26,000원

2. 서울 노량진 '운봉산장'

춘천과 가평 사이에 있는 화악산 밑에 위치한 산장 이름을 그대로 따온 '운봉산장'. 산장 주인이 구워 준 숄더랙 맛에 반한 사장님이 그 맛을 잊지 못하고 양고기 전문점을 직접 차렸다. 모든 요리는 8개월 미만의 호주산 램만 사용하여 만든다. 대표 메뉴 '수육'은 한 번 삶아 낸 양의 배 갈비 위로 부추를 가득 얹어 찜기에서 푹 쪄낸다. 은은한 부추 향을 머금으며 익은 수육은 뼈와 살이 쉽게 분리될 정도로 야들야들한 식감을 자랑한다. 숨이 죽은 부추로 고기를 감싸 들깻가루, 겨자, 식초를 섞어 만든 특제 소스에 찍어 먹으면 향긋하면서도 감칠맛이 한층 살아난다. 양고기와 깻잎, 들깻가루를 듬뿍 넣어 끓인 '전골'도 인기 메뉴다. 푸짐한 건더기와 칼칼한 국물 맛 덕에 안주 메뉴로도 제격이다.

식신 지디앤태양 양고기는 매일 구이나 꼬치로만 먹다가 수육은 처음 먹어 봤는데 신세계예요. 엄청 오래 삶았는지 살점 녹아내리는 것처럼 부드러워요. 국물류도 먹어보고 싶었는데 전골은 양이 많을 것 같아 뚝배기탕을 주문했는데 진짜 건더기가 가득가득 들어 있어요. 콜키지 프리라 와인 곁들이기도 좋아요~

▲ Since: 연도 알 수 없음, 15년 넘게 영업
▲ 위치: 서울 동작구 장승배기로 118-1
▲ 영업시간: 매일 17:00 - 22:00, 일요일 휴무
▲ 가격: 수육 23,000원, 전골(중) 35,000원

instagram.com/sebin_ss123

3. 서울 잠실동 '알라딘의 양고기'

'알라딘의 양고기'는 아랍식 할랄 양고기 전문점이다. 엄격한 할랄 기준을 통과한 호주산 12개월 미만의 양고기만 사용한다. 후무스, 피타빵 등 곁들이기 좋은 아랍식 사이드 메뉴 구성도 돋보인다. 대표 메뉴는 신선한 양갈비 위로 각종 향신료를 덧발라 구워 주는 '아랍식 양갈비'. 담백한 양고기에 향신료의 향이 깊숙하게 스며들며 이국적인 맛과 풍미를 더한다. 양고기 특유의 냄새가 강하지 않아 토르티야에 각종 소스와 함께 싸서 먹으면 양고기 입문자도 부담 없이 즐길 수 있다. 기본으로 제공되는 민트 소스는 서양권에서 보편적으로 먹는 소스로 양고기의 기름진 맛을 잡아주는 것과 동시에 뒷맛을 깔끔하게 마무리해준다.

식신 보스돼지 할랄 푸드라 그런지 외국인도 많았어요! 향신료가 빈틈없이 붙어 있는 아랍식 양갈비는 나오자마자 다들 시선 강탈! 향신료의 향이 부담스럽지 않게 양고기랑 잘 어울렸어요. 피타빵에 양고기와 올리브, 할라페뇨 넣고 어니언 소스 듬뿍 뿌려 한입에 와구와구 먹으면 물리지도 않고 계속 들어가 추가 주문한 건 비밀~

▲ Since: 1997

▲ 위치: 서울 송파구 백제고분로7길 42-1

▲ 영업시간: 월 - 토요일 15:00 - 24:00,
　　　　　　일요일 15:00 - 22:00

▲ 가격: 아랍식 양갈비 24,000원,
　　　　고급 양갈비 22,000원

간판 없는 맛집

1판 1쇄 인쇄일 | 2022년 2월 20일
1판 1쇄 발행일 | 2022년 3월 10일

엮은이   안병익 · 식신
펴낸이   하태복

펴낸곳   이가서
주소   경기도 고양시 마상로 169, 풍산빌딩 401호
전화   031) 905-3593
팩스   031) 905-3009
등록번호   제10-2539호

ISBN   978-89-5864-369-2 13590